Oh, Jck!
114 Science Experiments Guaranteed to Gross You Out

让孩子脑洞大开，提高动手能力，培养探索精神

课本里学不到的实验 上

[美] 乔伊·玛索夫
[美] 杰西卡·加勒特 著
[美] 本·利根
[美] 大卫·德格朗/绘

北京广雅 刘琼/译

北京联合出版公司
Beijing United Publishing Co.,Ltd.

生活就像是一场实验，不要因胆小和拘谨而畏手畏脚。你做的实验次数越多，你的生活就会变得越好。

——罗尔·沃尔多·艾默生

致读完《课本里学不到的历史》和《课本里学不到的科学》两套书后给我来信的了不起的孩子们，我迫不及待地想听听你们对这本书的看法。

——乔伊·玛索夫

致菲力克斯，愿你永远拥有一颗好奇心。

——杰西卡·加勒特和本·利根

黏液、鼻涕和鼻涕虫，谢谢你们！

这本书之所以能够出版，我必须感谢许多人。从谁开始呢？首先我要感谢我那极富创造性的、年轻的团队——英克里斯米勒学校童子军团的一群小淘气。没有他们，就没有《课本里学不到的历史》《课本里学不到的科学》和《课本里学不到的实验》这几本书！

像往常一样，我要和我的宝贝们——亚历克斯和蒂什，以及亲爱的奥比·戈比查克击掌庆贺。奥比·戈比查克为了赢得我女儿的芳心，居然愿意吃臭虫！

迪伦和泰勒·里德总是事事亲力亲为，从不害怕把手弄脏。我还要给伊莱和阿迪·汤利几个热情的拥抱，他们最喜欢亲手处理黏糊糊的青蛙了。

最后，我还要感谢两个人，他们给予了我大量的帮助，他们就是——我了不起的合作伙伴，杰西卡·加勒特和本·利根。我非常确定，我们现在共享同一个大脑。事实上，我们心有灵犀，能够准确地猜到对方接下来要说什么。

乔伊·玛索夫

我要向我们无所畏惧的领导者乔伊表示诚挚的感谢。您是本书真正的灵感之源，是您说服我们要不畏肮脏，与您共同研究这个狂野而精彩的世界中所有恶心的东西。多年来，我们班上的学生都争先恐后地抢着阅读《课本里学不到的科学》。我们简直不敢相信，我们能够如此幸运地获得编写《课本里学不到的实验》的机会！我们茶余饭后的谈话和电子邮件的标题从来没有如此的令人作呕或引人发笑过。

非常感谢我们的专家读者汤姆·萨瓦多夫。他是我们的好朋友，既是一位医生，也是一位地质学家。他为我们提供的帮助是不可估量的。

我万分感谢那些为了帮助我们进行实验而不惜把手弄脏的朋友和邻居们！他们包括马迪·朱卡、加勒·罗斯、哈里森·麦斯威尔·迈尔、金·乌妮娜雅、阿米特·巴贾杰、昂依氏·特里沙尔、朱丽叶·阿拉尼和莉娜·阿拉尼。我们还要对麻省理工学院的同事和朋友们（包括奥尔本·科比、艾米·菲茨杰拉德、艾德·莫里亚蒂、娜塔莉娅·格雷罗和托德·莱德）致以最高的敬意，他们分享了各种想法和创意。来自柏斯的李先生为我们提供了耐心的解释和有趣的类比，让我们给予他热烈的掌声。乔·布朗、塔尼亚·维尔德维茨、杜诗玛·蒙杰仁以及亚历山大家族回忆了自己的青少年时期，保证本书涵盖了关于青春痘生长的完整体验。菲儿·所罗门和保罗·所罗门，感谢你们给予了我们各种古怪的创意作品。亚萨·波琪洛和乔恩·彼得鲁什卡，感谢你们在我们创作本书时给予我们一如既往的鼓励和深厚的友谊。由衷地感谢我们才华横溢且敬业的老师们，是你们不断鼓励我们要勇于探索，敢于提问，以及永远不要停止学习。当我们自己也成为老师后，我们才意识到老师需要付出如此多的努力和精力。我们过去教过的学生们，也谢谢你们，是你们使我们的智力发展无限延伸，并激发了我们的幽默感。

无比感激我们的父母：珍·安、彼得、芭芭拉和内德。我们现在终于领会了为什么你们那么早就教我们洗手，以及为什么晚餐时不能谈论有关鼻涕的话题（除非你正在写一本关于"鼻涕"的书）。更重要的是，你们教会了我们如何思考和提问。在此，我要对彼得表示特别的感谢，感谢他提出的一系列建议，以及他对地质和真菌话题的特别推荐。

我要给我们的儿子菲利克斯一个全世界最温暖的拥抱。（我们开始创作本书时，他只有两岁，我们完成时，他已经五岁了。）他总是勇敢地帮助我们测试实验结果，虽然这些实验有时会令他作呕。

杰西卡·加勒特

本·利根

比·沃尔什的后背以示感谢，他是一位技术非凡的图片编辑。另外，非常感谢沃克曼出版公司的全体工作人员，特别是阿曼达·洪（制作编辑）、埃斯特尔·霍利克（宣传专家）和劳伦·索斯纳德（社交媒体推广），他们充当了尽职尽责的啦啦队员！最后，没有大卫·德格朗的插图，本书绝不会有现在一半的精彩绝伦。让我们热烈祝贺本书的成功出版！

乔伊·玛索夫

杰西卡·加勒特

本·利根

没有沃克曼出版公司的优秀员工，就没有这本书的存在。我们了不起的、耐心的编辑玛格特·赫雷拉和她那像猎犬一样敏锐的助理（她绝对是一种侦探犬）——埃文·格里菲斯，让我们一起为她们欢呼喝彩。丽萨·霍兰德拥有极高的艺术天赋，她为本书找到了一系列符合本主题的插图，并在这本精彩绝伦的书中加入了大量有趣的素材。我们还要轻拍博

目录

1

引言

是时候以科学的名义开动你那颗巨脑了！也是时候让你的手沾上一点脏东西了……好吧，可能是一大堆脏东西。本书描述了形形色色恶心的东西，都等着你去探索。从蜘蛛和蠕虫到臭屁和真菌，你想先研究哪个领域呢？

从化学研究开始怎么样？想象一下各种各样咝咝冒气泡的、臭气烘烘的药水。你也可以成为一名生物学家，探索你（和其他动物）身体内部的奥秘。正如我们所说的，没有勇气就无法获得荣耀。如果你更痴迷于外太空或过山车，那么你可能想尝试一下物理研究——研究宇宙的运行模式。哪位科学家会不喜欢进行一些小改进以及发明一些新东西呢？想要创造出下一个伟大发明，你必然需要一些工程学和数学方面的知识。无论你想要了解什么，都能在本书中发现你想要的东西。

在成为科学巨星的路上，你将直面大自然中所有最恶心的东西；遇见一些稍微有点让人讨厌的科学家；创造出各种各样臭气熏天、黏糊糊的混合物！请记住：几十年后，当你凭借令人惊叹的科学发现而举世闻名时，一定要感谢你的家长，是他们的耐心造就了今天的你！

你真的拥有一颗巨脑，对吧？

我们错了吗？你的脑袋只有小昆虫那么大吗？你最喜欢说的词是"切"吗？如果对于以上问题，你的回答是肯定的，请

立即放下这本书。接下来的几个小时，去互相敲击两块岩石吧！这本书不适合你。

好的……你还在看这本书，很好！很显然，你在开动你的大脑。如果是这样，那么毫无疑问，你肯定可以理解下面这些你在做本书中任何一个恶心但超级有趣的实验时必须遵循的规则。请举起你的右手，宣誓我们的规则。

请保护好你的双眼！

1. 我会保证自己的安全

你不再是初学走路的小宝宝了，知道不能把叉子插进电源插座中。但是，如果我们说"请找一个成年人来帮忙"，我们绝不是开玩笑！如果你不照做，就等于把叉子插入旁边的插座中！

2. 我会按要求使用防护装置

你准备了几副防护眼镜，却让它们躺在抽屉的某个角落，你想拿你的眼睛冒险吗？这样可不行。在等待你的一系列"冒险"中，你都需要佩戴防护眼镜。眼镜本来就很酷炫，戴上它们会让你看起来更加酷炫！而且，你的眼睛会感谢你！（你可以在五金店或网上商店买到合适尺寸的防护眼镜。）

3. 除非得到明确的指示，否则我不会食用我的实验材料

如果不用清洁液和水仔细清洗的话，使用任何实验器具来吃或者喝东西也是不允许的。本书在"蛛形纲"一章中描述的那种"可食用的蜘蛛"，是可以享用的。但从培养皿中随意取出一只蜘蛛然后鼓足勇气生吃，则是愚蠢至极的做法。

4. 我不会招惹大自然

当你在收集真菌、臭虫、岩石、污垢、蜘蛛网、蠕虫或者其他令人畏惧的东西时，请仔细环顾四周。千万要远离蛇，也不要去翻、挖巢穴，更不要去一片毒藤中尿尿！

5. 实验结束后，我会自己收拾干净

请在浴缸、水槽或者其他任何地方把手洗干净！当你完成一个项目后，记得收拾干净。你的家长不是你的仆人，他们最大的乐趣绝不是帮你收拾被扔得满屋都是的实验残余物。

你的双手将会变得脏兮兮、臭烘烘并且黏糊糊。你将要酿造某种假鼻涕，举行一场体臭锦标赛，研究便便，冒出一颗巨大的粉刺，或者与几只蠕虫一起闲逛……

以上仅是我们接下来要进行的课外实验、课外活动和课外探索中的几个例子。

在你准备大干一场之前，你可能想要弄明白，"课外实验、课外活动和课外探索之间究竟有何不同？"

如果是一个**课外实验**，你将运用科学的方法进行真正的实验研究。你将探究事情发生的原因，提出一个假设，然后展开调查，最后从收集到的数据中得出一个结论。诺贝尔奖在向你招手了！你的父母将为你感到自豪，你的老师们将一头雾水。而且，没有人知道你在这个过程中究竟收获了多少快乐。

如果是一场**课外活动**，你将制作某种东西。其中有些会非常美味，有些会考验你的智商，而有些则除了非常滑稽之外毫无用处，例如毛球。

如果是一次**课外探索**，你将充当一个无所畏惧的探险家角色，勇敢地探索荒野，寻找小动物（或者更有趣的——小动物的粪便）。有时，你可能只需要勇敢地探索你家的附近，寻找一些小却令人毛骨悚然的东西；有时，你可能需要进行化学实验，看看接下来会发生什么。勇敢探索吧，你将发现一些臭烘烘、黏糊糊或者略显怪异的东西。

接下来，我们就开始吧！卷起袖子，让我们大干一场！

如何才能成为一名伟大的科学家呢？想要成为一个聪明人，你不需要浓密的白发，巨型的络腮胡，甚至也不需要一件白色的实验大褂。你真正需要的是谨记以下6个小步骤。

1. 问题

保持对周围世界的好奇心，不要害怕提出各种问题。例如：是什么？哪一个？怎么样？为什么？想清楚你想要学习的是什么，一旦你提出了正确的问题，就可以开始考虑如何才能得出答案了。

例如：为什么鲍勃叔叔总是放屁？鲍勃叔叔刚刚放的那个臭屁炸弹差点把我臭晕了！

2. 调查和观察

你拥有眼睛、耳朵、鼻子、手指和舌头，请好好利用它们！你可以查阅前人的调查结果，仔细观察周围发生的事情，即使是把你臭晕的臭屁炸弹。任何东西都可能成为证据！

例如：鲍勃叔叔经常放屁，他还经常吃很多豆子。

3. 假设

记住两个词："如果"和"那么"。你可以通过已经了解的东西，尝试预测问题的答案。

例如：如果鲍勃叔叔臭屁不断，那么可能是因为他每天吃三次豆子。如果让我的表兄莫和我的朋友博也吃豆子，那么他们会像胀气的大象二人组一样臭屁不断！

4. 实验　这是最有趣的部分，是时候验证我们提出的假设了。

例如：我会让莫和博吃一整天豆子，再跟他们一起出去玩，统计他们放屁的次数。接下来的一天，我会让他们不吃豆子，再次统计放屁的次数，然后进行比较。

5. 数据　当你在做实验时，收集并分析的所有事实和数字作为实验的数据。

例如：在吃豆子的那天，莫放了 15 个屁，博放了 12 个屁。而在不吃豆子的那天，莫只放了 5 个屁，博只放了 4 个屁。

6. 结论　最后，你已经可以回答自己

最初提出的问题了。你的假设正确吗？

例如：鲍勃叔叔臭屁不断，是因为他有严重的豆子瘾！我们提出的假设是正确的！

这 6 个步骤你都清楚了吗？它们共同组成了一个了不起的过程，被称为"科学方法"，科学家们无时无刻不在使用该方法。这是一个绝佳的方法，通过这种方法，你可以组织自己的想法和观察结果，并将你的调查结果传达给别的科学家。它可以帮助你记录你的实验，以免下次犯同样的错误。

如果你将所有问题、观察、假设、数据和发现都大致记录在一个小笔记本上，可能会有所帮助。如此一来，你将记录下你所有的科学冒险；你也可以轻松地与朋友和老师分享你的实验成果，让他们知道你是多么才华横溢！

蛛形纲

小巧玲珑的蜘蛛其实并不可怕。比如排水口上的一两只蜘蛛，确实没什么大不了的。但是，如果是一只餐盘大小的、长着毛茸茸的腿、正慢慢爬上你的腿的巨型蜘蛛呢？那又是另外一回事了！

还记得儿歌中那位坐在土堆上的活泼的玛菲特小姐吗？一只蜘蛛悄悄地坐在她的身边，把她吓坏了。玛菲特小姐患有蜘蛛恐惧症，很多人都和她一样。害怕蜘蛛的人比害怕其他生物——甚至是蛇的人还要多。蜘蛛可能看起来令人毛骨悚然，但是大部分蜘蛛实际上是无害的。事实上，大部分蜘蛛都患有非常严重的人类恐惧症——它们害怕人类。一只不小心掉在你身上的蜘蛛，比起你想要弄掉它，它更想要逃离你。弹掉这个小家伙比把它拍死在你的皮肤上要干净得多，而且这样也更加

有些人将狼蛛作为宠物来饲养！千万别带着你的宠物去小区里散步哦……

1

安全，因为一只恐慌的蜘蛛有时候可能会咬人。请记住，是因为你让它们感到害怕，它们才会咬你！

蛛形纲里有各种恶心的爬行动物，包括蜘蛛、蝎子、螨虫和蜱（pí）虫等。蛛形纲动物没有触角，但昆虫有。在所有蛛形纲动物中，只有蜘蛛织网，它们绝对是蛛形纲动物秀中的明星。那么，让我们先来讲讲蜘蛛吧！蜘蛛的种类有4万多种。相比之下，猫的种类较少，只有大约35种。现在你知道了吧？在蜘蛛的世界中，它们的种类是多么纷繁复杂。实际上，大多数蜘蛛都是非常酷炫的！

清点了蜘蛛侠,为什么不能组蜘蛛吧

试着把蜘蛛想象成一个小小的超级英雄吧，两三只在你家附近爬行的蜘蛛就可以诱捕到各种各样真正令人讨厌的小虫子，例如蟑螂和蟪蛄（qú sōu）。许多昆虫都是病毒携带者，但是蜘蛛能够保证你的安全，它们会捕捉然后狼吞虎咽地吃掉那些危险的害虫，例如蚊子、跳蚤和肮脏的苍蝇。蜘蛛们简直爱死这些小点心了！

另外，蜘蛛在花园中也大有用武之地。蜘蛛毒液是一种不会损害生态环境的杀虫剂。所以，不要在你的番茄苗上喷洒讨厌的化学剂了，让你的邻居蜘蛛先生在附近织网就可以啦！这样，你的番茄酱中就再也不会有有毒的残留物了！

你现在还认为蜘蛛超级恐怖吗？而且非常幸运的是，蜘蛛可以自己控制其种群的增长。比如，当食物稀缺时，一些蜘蛛会捕食自己的同类。它们戴上八只小拳击手套，然后决一死战。（当然，戴手套是开玩笑的。）胜利者的奖品是什么呢？没有奖杯……但是它们可以吃掉失败者，简直太美味了！

织网大师

你有没有不小心撞到过蜘蛛网？太恶心了，对不对？就像一团胶水粘在身上似的。但如果你是蜘蛛，你就可以在没有任何工具的情况下，从你的肛门处射出长长的"钢丝绳"，然后将这些"绳索"连接起来，打造出一座超棒的"吊桥"。蜘蛛网完全就是一个工程奇迹，无论是制作方式还是制作原料。

我们先来谈谈蜘蛛丝。蜘蛛拥有一种特殊的腺体，专门用来分泌制作蜘蛛丝的液体。当这种液体经纺器喷出暴露在空气中时，它将迅速变干成为蛛丝。现实中，蛛丝的重量几乎可以忽略不计。假如我们可以通过某种方式使一只蜘蛛吐出一根长度能够围绕整个地球一圈（注：约40000千米）的蛛丝，它的重量大约仅有450克。蛛丝虽然看似脆弱，但是如果重量相当，其强度可比钢材，甚至比凯夫拉尔纤维（注：一种用来制作防弹背心的材料）都要高得多。这就意味着，如果你面前同时有一千克蜘蛛丝和一千克钢材，那么蜘蛛丝可要比钢材结实得多！虽然蜘蛛丝很有用，但是不同于给母牛挤奶，给蜘蛛"抽丝"可一点也不简单。因此，想要真正获得一千克重量的蜘蛛丝，那可真是难于登天啊！

小海龟在海滩孵化出壳之初，就知道朝着大海爬去，这是天性。蜘蛛织网也是如此，蜘蛛天生就知道如何织网！它们会用蛛丝筑巢，捕捉食物，并保护它们脆弱的蜘蛛卵。沙漠蜘蛛可以吐出能够抵御高温和干旱的蛛丝。雨林蜘蛛可以吐出能够抵御潮湿的蛛丝，这种蛛丝在极度潮湿的环境下也不会腐烂。另外，同一只蜘蛛还可以吐出不同类型的蛛丝——黏性蛛丝用来捕捉食物，而无黏性蛛丝则可以用来开辟出一条专用通道，好让它自己能够顺利抵达目的地。

虽然蜘蛛无法交谈或写字，但是它们却可以交流！当它们感觉受到威胁准备发动攻击时，通常会竖起几条后腿或跳到一侧。因此，当蜘蛛发出了这样的身体语言，请千万不要再去招惹它。下图中，一只歌利亚食鸟蛛正在用它的身体语言说"后退"。

美味的狼蛛

要想成为一个蛛形纲动物专家，其中一个办法就是制作一个狼蛛模型，而狼蛛是蛛形纲动物中最恶心的一种。当模型制作完成后，请勇敢地吃掉它，如同一只战斗获胜后得意扬扬的蜘蛛！

所有蛛形纲动物都拥有八条腿，身体分为两个部分，一部分是头和胸的结合部，被称为"头胸部"；另一部分（通常较大）是"腹部"。狼蛛拥有尖牙般的口器，以及两个触角般的"探测器"，被称为"触肢"，从头胸部的前部伸出来。这些触肢如此之长，以至于它们看起来几乎和腿无异。但是它们不是腿，因此你就不

活动器材

- 一大盒葡萄干（每条蜘蛛腿大概需要 15—18 粒葡萄干）
- 大约 26 根牙签
- 黑色甘草糖
- 1 颗中等大小的李子，代表狼蛛的腹部，也是狼蛛最大的身体部位
- 1 大颗李子干或新鲜黑色无花果，代表狼蛛的胸部（头胸部中较大的一部分）
- 1 大颗紫葡萄，代表头胸部的下颌部位

要想着给它们穿上小运动鞋了。最后，蜘蛛还拥有 2—8 个纺器，这是它们纺织蜘蛛丝的利器。

1. 取一根牙签，在牙签的一端穿上六粒葡萄干，另一端空着。

2. 当你穿到牙签的末端时，用一颗大约 0.6 厘米宽的黑色甘草糖封住牙签的末端。把它想象成蜘蛛的膝盖！

3. 另取七根牙签，重复上述步骤，如此一来，你就做出了狼蛛的八条腿的前半部分。

4. 另取一根牙签，插入刚才制作的甘草糖的末端，然后再在牙签上穿上葡萄干，这次你需要把整根牙签都穿满葡萄干。

同样，我们需要用一小颗甘草糖封住牙签的末端，代表蜘蛛的小螯(áo)爪。你总共需要制作八只小螯爪。

5. 另取一根牙签，将其中一半插入李子中，然后空出的一半插入李子干（或无花果）中，这样李子和李子干（或无花果）就连接起来了。

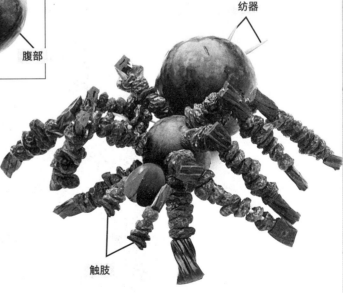

头胸部

腹部

现在，你已经做好了狼蛛的头胸部和腹部。

6. 取出已经做好的狼蛛腿，将牙签空着的一端插入李子干（或无花果）中，这样腿部和头胸部就连接起来了。将腿部排列整齐，身体两侧各四条腿。

7. 将下颌连接至头胸部——把一大颗紫葡萄切掉大约四分之三。另取一根牙签，使葡萄和头胸部紧密连接。

8. 所有狼蛛都需要触肢。另取两根牙签和八颗葡萄干（每根牙签上穿四颗葡萄干），然后将其插入李子干，使其紧挨着葡萄的两侧。

9. 另取一根牙签，分成两半，然后将其插入蜘蛛的肛门，代表蜘蛛的纺器。

10. 将你的狼蛛放在某个地方，如果有大人经过，你就拔下狼蛛的一条腿，然后做出享受的样子，一点点地吃掉它，让他狂吐不已吧！注意，不要被牙签戳到哦！

说到可食用的蜘蛛，委内瑞拉的印第安人最爱吃真正的狼蛛了，他们喜欢撒上点调料，将狼蛛烤着吃。天啊！柬埔寨人也将狼蛛视为吮指美味，到底是油炸还是烘烤呢？真是难以抉择啊！

纺器

触肢

在超过4万种的蜘蛛中，只有不到50种蜘蛛的毒液对人类有害。而且，最可怕的蜘蛛一般都生活在巴西的热带雨林中，所以你大可放轻松！然而即便如此，了解一些关于蜘蛛的知识还是会更好。毒蜘蛛一般通过两种方式实施危害：坏死性毒液侵蚀被咬伤处附近的皮肤；神经性毒液侵入受害者的神经系统。

以下是几种你必须留意的可怕敌人：

1. 巴西漫游蜘蛛 生活在亚马孙热带雨林中，我们要格外小心它们。它们的腿长约为3厘米，毒性极强，是一种让人毛骨悚然的大型爬行动物。另外，它们还极具侵略性。

2. 哥利亚食鸟蛛 一般不以鸟类为食，但是它们能够杀死啮齿动物或青蛙。它们的腿长能够达到28厘米，是地球上当之无愧的最大的蜘蛛之一。由于这

些巨型生物的视力很糟糕，因此它们会使用毛茸茸的腿部来感知移动。当然，人们只要看见这些巨型家伙就会吓出心脏病来！

3. 狼蛛 体型肥大，多毛且长相恐怖，但实际上它们的毒液毒性比蜜蜂的还要弱。你要是不小心被咬了一口，可能会有一点疼，但是不会造成长久危害。真正让人烦的是，它们能够摩擦毛茸茸的后腿，将剃刀状的、小小的带刺的腿毛发射到空中，并准确地落到它们以为的攻击者身上。这就像是让你陷入了一堆周围全是小刀的困境中，真是讨厌至极！

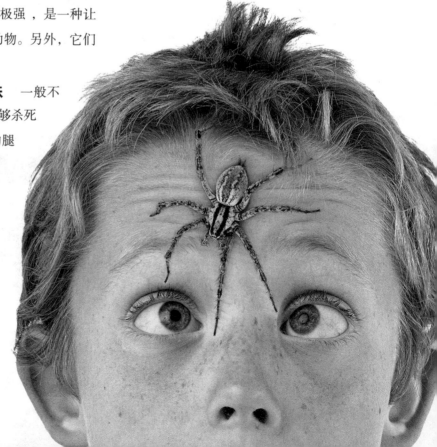

如果你生活在一个有毒蜘蛛的地区，下面这些建议可以帮助你学会如何保护自己：

- 不要把手直接伸进成堆的木材或树叶中，如果必须那么做，可以先用一根木棍轻轻戳一下，来赶走蜘蛛。
- 不要把鞋子、靴子或手套整晚留在户外。对蜘蛛来说，它们看起来就像是豪华宾馆。
- 如果不小心把鞋子、靴子或手套留在户外了，在将你的小脚或者小手伸进去之前，请将它们在地上重敲几下，并上下摇晃！

4. 黑寡妇蜘蛛 通常被人们视为北美洲毒性最强的蜘蛛。如果你不幸遇到一只，可以通过其下腹部的红色沙漏标识认出它。通常来说，只有在受到挤压时，黑寡妇蜘蛛才会发起攻击。它们具有很强的毒性，一旦被咬伤会导致恶心、肌肉疼痛和呼吸困难等强烈症状。确实是太讨厌了！黑寡妇蜘蛛除了黑色外，还有棕色和灰色的。给你一个轻松记忆的小建议：请远离所有名字中带有"寡妇"二字的蜘蛛。

现在你已经知道并不是所有的蛛形纲都是蜘蛛，对吧？

以下是蜘蛛的一些亲戚，它们都属于蛛形纲动物。

1. 蝎子 生活在除了南极洲之外的任何一块大陆上。因此，除非你生活在那片极寒之地，否则就要留心有着弯曲长尾巴的蝎子。蝎子的种类有1500多种，其中大约有25种蝎子的毒刺能够致人死亡！然而，科学家们极富创造力，他们发现有些蝎子的毒素能够治愈某些可怕的疾病。有些地方的人甚至将蝎子穿到细长的竹签上烤熟，然后嘎吱作响地吃到肚子中，和蛛形纲烤串一样。

2. 蜱（pí）虫 最爱的食物是血液，它们会把吸血管刺入人或动物的皮肤中吸食血液。更糟糕的是，蜱虫通常携带

疾病。所以一旦被蜱虫咬伤，很容易感染莱姆病和落基山斑疹热等疾病，这些疾病会让你感觉自己像一堆腐烂的垃圾。所以，在户外玩耍后，记得检查自己的皮肤上是否有蜱虫。如果有，一定要请大人帮忙，千万不要试图自己扯下它们！

3. 盲蛛 虽然看起来像蜘蛛，但其实并不是蜘蛛！（实际上，它们中的大部分是雌性盲蛛。）这些蛛形纲动物也被称为"收割者"，它们不吐丝，也不含任何毒液。它们看起来就像是一个椭圆形的棕色药丸，长出八条超细的大长腿。如何分辨雄性盲蛛和雌性盲蛛呢？雄性盲蛛的腿比雌性盲蛛的腿更长。和你的友邻蜘蛛一样，它们捕食大量的害虫和其他昆虫，还对鸟屎情有独钟。对它们来说，鸟屎简直是人间美味。

让我们来聊聊这个神奇的树屋吧！这棵树上布满了蜘蛛网。巴基斯坦爆发的一场特大洪水让数百万只蜘蛛流离失所，于是它们只能被迫到树上避难。

编织一张巨网

活动器材 ➡

- 三根不同颜色的纱线或细绳。其中一根长约 6 米，其他两根各长约 3 米
- 一个大号的 Y 形树枝。我们此处选择的树枝构成了一个边长约为 1 米的三角形。如果你家附近没有树，你可以买两个木钉，然后用一些细绳将它们绑扎在一起，构成一个 Y 形
- 一个胶棒
- 一张报纸或其他可以用来黏合的平面纸

让人惊讶的是，并不是所有蜘蛛都会织网。但是那些能够织网的蜘蛛，织出来的网确实美丽。你认为用丝线制作一个捕蝇器很容易？那你可以试试按照蜘蛛织网的方式亲手制作一张蛛网。这绝不是任何一种老式的微型蛛网。这张蛛网是为一只足球大小的蜘蛛而制作的！（如果你只想制作一张极小的蛛网，可以按比例减少你要使用的材料。）

1. 取最长的那根纱线。在接下来的 5 个步骤中，你都将用到这根纱线。将纱线的一头系在 Y 形树枝的左侧部分的高处。

2. 现在，假装你就是一只蜘蛛，正通过纺器向空气中吐出一根长长的丝线。什么？你无法从你的肛门中射出一股股丝线？好吧，那你只能用手把纱线扯到 Y 形树枝的另一侧，然后打结，剪掉多余的纱线。要是蜘蛛的话，它会朝空气中吐出一根长长的丝线，然后等丝线附着在某个物体（也许是附近的一棵树）上，然后它们会把这根丝线紧紧地附在这个物体上，这根线被称为"桥接线"。

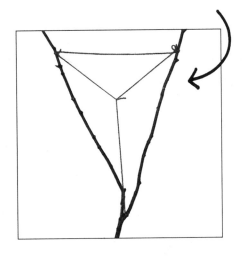

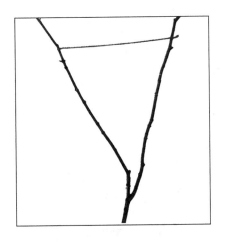

3. 另取一根相同颜色的纱线，将其松松地系在 Y 形树枝的两端，让其悬挂在那根紧绷的桥接线的下部，并剪掉多余的纱线。

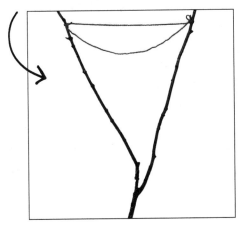

4. 另取一根相同颜色的纱线，将其系在那根松松的、悬挂着的纱线的中心部位。这根纱线应该垂直悬挂。再将这根纱线系在 Y 形树枝的底部，然后剪断多余的纱线。

5. 另取两根相同颜色的纱线，将其分别系于 Y 形树枝的底部和桥接线两端的两个结头之间，构成一个 V 形。

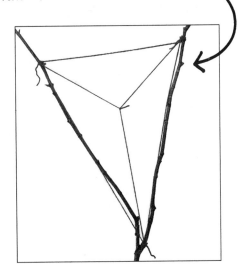

6. 要是蜘蛛的话，现在它就会将丝线从外缘射入中心，以填补蛛网的空白部分。这些被射入

中心的丝线称为"半径线"。你同样可以制作一些半径线。我们此处使用八根丝线，但是蜘蛛则会尽可能铺设更多的丝线，让自己能够自由穿梭于蛛网间。现在，剪掉所有伸出结头末端的多余纱线。

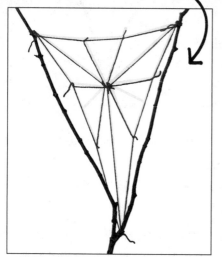

7. 现在该制作螺旋线了。首先，蜘蛛会铺设一根无黏性的、供自己穿行的螺旋线。（否则，它将被困在自己亲手编织的网中！）取一根不同颜色的纱线，将其系在蛛网的中心部位。然后

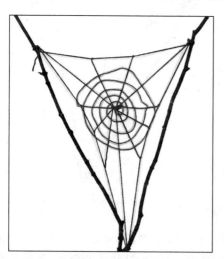

自内向外地织出一根螺旋线。每经过一根半径线，请在交叉部位涂上一点胶水，使两根线黏合在一起。继续呈螺旋状绕圈，直至绕到蛛网的外缘。蜘蛛会利用其腿部来确保蛛丝间的间距大致相等。

8. 下一步，蜘蛛会转过身，然后沿着原来那根无黏性的螺旋线往回铺设一根有黏性的螺旋线。取那根第三种颜色的纱线，然后将整根线涂上胶水，让它变得非常黏！

9. 沿着那根无黏性的螺旋线，将有黏性的这根丝线置于附近，然后按压，将其固定在蛛网上。这样一来，两根螺旋线都被固定在了蛛网上。

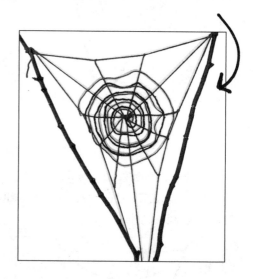

10. 把你的蜘蛛网挂在房间里，然后假装你就住在上面！如果你足够幸运，还能捕获一些美味可口的苍蝇！晚餐到手了！实际上，在胶水干掉之前，你可以玩一个叫作"蜘蛛的晚餐时刻"的游戏。用一些小小的棉球代表苍蝇（你可以用魔术笔将它们涂成黑色），然后将棉球扔向蛛网。祝你有个好胃口！

还记得"皇帝的新装"这个故事吗？其实，历史上还有一个类似但鲜为人知的故事。故事的主人公是一个名为弗朗索瓦·德·圣伊莱尔的法国蜘蛛爱好者。18世纪早期，他孜孜不倦地收集了足够的蜘蛛丝，然后织出了几件服饰。据传，富可敌国的国王路易十四听说了这件了不起的织品，于是下命圣伊莱尔的蜘蛛们为他制作一套蛛丝服装。不幸的是，据一个目击者报告，国王路易十四的蛛丝服突然四分五裂了，于是他忠实的臣民得以一窥国王陛下的裸体！

圣伊莱尔没有从马达加斯加的达尔文吠蛛身上提取蛛丝，这真是太遗憾了！这种圆网蛛所分泌的蛛丝是所有已知的生物材料中最坚实的。这种蜘蛛吐出的蛛丝几乎可以达到25米，约等于足球场宽度的三分之一，而且它们的蛛网面积也巨大无比——大约2.4米长，0.9米宽。

蛛丝真的适合用来制作服装吗？西蒙·皮尔斯和尼古拉斯·古德利，这两个有着雄心壮志的好朋友决定一探究竟。皮尔斯和古德利不是科学家：古德利是一名设计师，而皮尔斯是一名艺术史学家。他们从史料中得知，在19世纪，人们

这件用金色网蛛的蛛丝制成的披肩耗时8年。

11

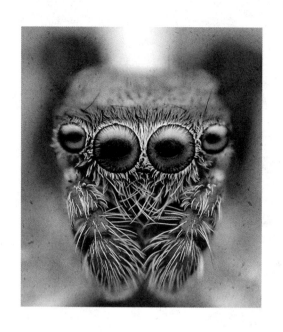

这种地中海跳蛛拥有四只闪耀的眼睛，如果举办一场瞪眼大赛，它们肯定是毋庸置疑的冠军。

发明了一种可以从蜘蛛中提取出蛛丝并将其捻成丝线的机器。于是，他们决定打造一台这样的机器，并将其投入使用。但是，他们首先需要大量的蜘蛛。

于是，古德利和皮尔斯雇用了大量的工人来收集金色圆网蛛（达尔文吠蛛的亲戚）。他们每天大约收集 3000 只，最后总共收集了 100 多万只！然后，他们雇佣工人耐心地将极细的"丝线"从蜘蛛的纺器中抽出来，再经由极小的轮滑将蛛丝系于机器上。工人们把 24 只蜘蛛置于一个小小的梭口内，于是可以同时抽出 24 根蛛丝。他们把每只蜘蛛蛛网囊中的所有蛛丝都抽出来。接着把抽出的蛛丝手工捻成 24 股丝线，再与另外 3 根 24 股丝线捻在一起，构成 96 股丝线。

这些丝线的强度有多高？有人认为扯断一根这样的丝线就像扯断一根单车链一样困难！真的是太强了！

在收集完蛛丝后，人们将蜘蛛放回大自然。大约一周后，它们的囊中又会充满能织出蛛网的液体了。最终，他们打造出了一件华丽无比的金色织物，其成本达 50 多万美元。目前，这件金色织物正在伦敦一家博物馆中进行展出。

还想了解更多令人毛骨悚然的动物吗？

请快速翻到"昆虫"这一章，获取更多关于昆虫世界的信息。

了不起的 酸性物质 和它们的好朋友 碱性物质

假如你正在观看一个充满悬念的推理剧，一个冷笑的坏家伙刚刚通过泼酸性物质销毁了一个关键性证据。伴随着一团"咝咝"作响并冒着气泡的蒸气，某些金属消失得无影无踪！太可怕了，是吧？但是，请放轻松一点！我们完全没必要害怕大多数的酸性物质。实际上，它们真的很酷。

但是，究竟什么才是酸性物质和碱性物质呢？好吧，我们人类喜欢给事物进行分类。早在古埃及和古希腊时期，求知欲强烈的人们（后来被称为"化学家"）发现了某些物质具有一些共同点，于是，他们

千万不要被"酸"字吓到，毕竟你很可能每天都在吃或喝某些酸性物质。我们就先从喝一大口碳酸饮料开始吧！碳酸饮料是将气泡加入到软饮料中。比如：当牛奶变成酸奶时，乳酸就形成了；抗坏血酸在清晨的第一杯橙汁中注入了活力；醋酸是色拉酱中醋的主要成分。

将其归为一类，并为其命名，如同鲍勃和简。哈，开个玩笑！他们将其中一类称为"酸性物质"，另一类称为"碱性物质"。他们发现了酸性物质尝起来很酸，泼到金属上会对金属产生破坏性作用，有些还能够烧伤皮肤。

碱性物质则不同。碱性物质同样能够烧伤皮肤，但是它们尝起来是苦的，摸起来是滑的。真正让古人感到惊讶的是：当酸性物质和碱性物质混合在一起时，会发生一些疯狂的事情，即这两种物质会发生一场"咝咝"作响的、冒着气泡的、激烈的化学大战！

酸性物质和碱性物质对人体极为重要。它们是你体内发生的化学反应的必要因素，大至你的胃，小至你的每一个微小细胞。

如果你提前翻阅了"内脏及其他令人作呕的食物"那一章，你就应该对盐酸有一定了解了——盐酸是指我们胃中的某种帮助我们分解食物的物质。我们的胃壁内层分布着一层厚厚的黏液，这些黏液可以保护我们

所有的化学天才们，以下是科学家对酸性物质和碱性物质的归类方法：酸性物质与水混合后总是释放出氢气（H_2），而碱性物质与水混合后总是释放出氢氧化物（OH）。

没有什么能比冒着气泡的化学反应更能激发出你内心深处隐藏的疯狂科学家了！

的胃不受酸性物质的侵害。但是，如果我们的其他器官，比如，我们的眼睛、鼻子或喉咙，碰触了同种酸性物质，那么它们就可能会受伤。如果你曾经有过呕吐的经历，就应该了解盐酸的触感。呕吐后，你最好用清水漱下口，这是因为胃中涌出的酸性物质会腐蚀你牙齿上的牙釉质！

酸性物质分为有用的酸性物质和可怕的酸性物质，碱性物质也一样。如果不是因为加入了勤勉的碱性物质——小苏打，你的生日蛋糕将会奇丑无比。小苏打和蛋糕中的酸性物质一起打造出了蛋糕美味而松软的口感。另外，如果不是因为一种多泡的碱性物质——肥皂，你肯定会浑身恶臭且蓬头垢面。

氢氧化钠是一种超强的碱性物质，主要用来清洁堵塞的水槽管道。究竟这种能被称为"排水沟清理器"的碱性物质有多厉害呢？将氢氧化钠倒入堵塞的水槽中，它将蚀穿一团拳头大小的头发，连同那些妨碍洗澡水排出的其他泥状物质。管道工比较讨厌这种排水沟清理器，因为它无法清除所有的堵塞物质。当他

氢氟酸是酸性物质中最可怕和最强劲的一种。碰触这种物质是非常危险的——它能够严重烧伤你的皮肤和眼睛。这种酸性物质经常以特别恐怖的形象出现在电影里，以至于它们获得了"好莱坞酸性物质"的绰号。电视和电影编剧喜欢将其虚构为能够蚀穿浴缸和地板的物质，更不要说人类了！实际上，它无法做到这些。但是人们一旦触碰了类似氢氟酸的超强酸性物质，确实需要马上得到医疗护理。幸运的是，这种酸性物质在我们的日常生活中并不常见。

们对排水沟进行修理时，很可能会因被溅到残留的氢氧化钠而烧伤皮肤。记住，这种碱性物质可不是可以随便玩的！

宇宙中的所有物质，包括酸性物质和碱性物质，都由同一种基本成分构成——原子。我们体内的原子就像是无数块结实的乐高积木，拼接在一起形成了元素和分子。下面是一节速成的化学课，以免你从没听说过这些小家伙。在进行以下实验前，你需要简单地回顾一下相关知识。

原子 假设你是一位充满传奇色彩的海盗，你拥有一大块金子，还拥有一把

神秘的宝剑。这把宝剑可以轻松地切开金属，如同切开一块常温下的黄油。现在，请把那块金子切分成两半。然后，把其中的一半再次切成两半。接着切，一而再再而三地切，直到你无法再切分为止。最后，你可能需要一把显微刀才能真正地将最后那一丁点

金子再次切成两半！现在剩下来的就是一个原子——在保持物质的化学特性的前提下无法再进行切分的一块极小的物质。如果再进行任何切分，它就不再是金子了！我们已知的万事万物都是由原子组成的。

课外实验

有东西要爆炸了！

好了，是时候玩一个泡腾游戏了！也许你已经见过这个实验了，比如说你曾在科学课上制作过"火山"。但是有些事物永远不会失去其魅力，特别是那些会冒气泡的化学反应。我们将老陈醋（一种酸性物质）和非常有用的小苏打（一种碱性物质）混合起来。对了，在混合它们前请品尝一下它们各自的味道，从而真正了解这些化学物质。

活动器材

- 2 杯白醋
- 2 杯小苏打
- 2 个小碗
- 2 个勺子
- 1 杯量杯
- 1/4 杯量杯
- 小茶杯或小玻璃杯
- 大碗（用来接溢出的液体）
- 食用色素（可选）

1. 分别将醋和小苏打置于两个碗中，用勺子蘸一点醋，然后用你的舌头舔一舔。（这是我们允许品尝的几个实验之一。）现在，请

尝试嘟起你的嘴唇说话。这是为你量身定制的一种酸性物质。酸性物质尝起来是酸的，它们能够使你的嘴唇布满皱纹。而醋只是一种极弱酸！

2. 另取一个勺子蘸一点小苏打，然后尝一尝。口感如何？碱性物质尝起来是苦的。再用食指蘸一点水，然后再蘸一点小苏打。现在，摩擦你的拇指和食指。触感如何？

众所周知，碱性物质摸起来滑滑的。将手指冲洗干净，然后针对醋重复该手指测试。醋摸起来也一样滑吗？

注意： 千万不要品尝那些强度超过醋和柠檬汁的酸性物质！千万不要食用或触碰碱性物质，除非你确定它们是可食用的。许多化学家都曾经依靠口舌来测试并确定酸性物质和碱性物质。但是，你应该从他们愚蠢至极甚至是致命的错误中吸取经验。我们喊得够大声了吗？千万不要随意触碰家用化学产品，特别是漂白剂和氨水！请避开它们！

3. 将一个小茶杯或小玻璃杯置于一个较大的碗中，大碗用来接溢出的液体。再将1/4杯的小苏打倒入小茶杯或小玻璃杯中，然后再倒入1/4杯的醋。如果你想要加入食用色素，你可以事先把它加入到任何一种化学物质中。将这两种化学物质混合后，会发生什么现象呢？

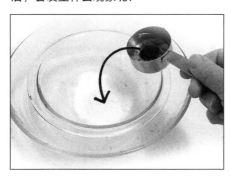

4. 如果你现在加入更多的醋，又会发生什么变化呢？做出一个假设，然后进行验证。以下是一个例子（注意两个词，"如果"和"那么"）："如果我多加1/2杯的醋，那么我认为碗的上空会发生爆炸。"请尝试用不同比例的反应物（即醋和小苏打）进行实验，研究哪种比例能够制造出最多的泡沫。

刚刚发生了什么

刚刚发生的是化学反应！在化学反应中，部分原子摆脱了其原来的分子，然后生成了新的物质。也就是说，醋和小苏打互换了原子，然后生成了三种新的截然不同的化学物质：醋酸钠、二氧化碳以及少量我们习惯称之为"水"的物质。（你非常了解水分子，因为你是才华横溢的化学家，对不对？）水是真正的水：H_2O。而二氧化碳制造出了这些泡沫，你每天呼出的也是这种气体。那么，什么是醋酸钠呢？它实际上是一种盐——表述得更专业一点，它是一种具有多种用途的超棒的化学物质，例如：

• 它（也可以被称为"二乙酸钠"）是一种可以使食物变得更加美味的食品添加剂。请查看不同品牌的盐醋味薯片的成分清单。

• 它可以为冬季运动制作暖宝宝。当你按压暖宝宝时，里面的醋酸钠就会转化成一种晶体，然后释放出大量的热量。哈哈，感觉不错吧？

• 它还是一种保护混凝土不受水分破坏的环保材料。它可以将混凝土密封起来，因此水分无法进入。相比于现在经常使用的环氧树脂胶，它更为安全。因此，当你蹦蹦跳跳地走过街道时，你可能正踩在醋酸钠上面！

在过去那个"错误"的时代里，科学家们一度认为原子是长成这样的。

元素 现在，你得到了一个金原子，但是它是如此之小，以至于人类用肉眼根本看不见。朋友，如果你想要用金原子装满一整个藏宝箱，那几乎是不可能的！亲手制作一枚金币如何？那么，你就需要更多相同元素的原子——金原子！元素仅由一种原子组成，它是一种纯物质。一枚纯金硬币是由无数黏合在一起的金原子构成的。纯金硬币中不含其他种类的原子，只含金原子。其他常量元素包括氢元素、氧元素、钠元素、铜元素、铝元素、氖元素、碳元素以及银元素。

分子 现在，两种及两种以上的原子决定要一起出去玩。假设你的名字叫作"氧原子"，你有一个同卵双胞胎兄弟或姐妹。当你们俩坐在一起时，你们就组成了氧分子O_2（"O"代表氧原子，右下角的数字2代表此分子中含有两个氧原子）。你知道雷雨前的奇怪味道吧？这是臭氧（O_3），这种气体是由无数氧原子三胞胎一起出去玩耍而形成的。

但是，不是所有的分子都和氧分子（O_2）或臭氧（O_3）一样是同卵双胞胎或三胞胎。以最佳好友氢原子（H）和氧原子（O）

30-40 分钟

摇摆的火箭

活动器材

- 防护眼镜。不要争辩，防护眼镜是必需品
- 请一个大人帮助你发射"火箭"
- 可以弄湿的狭长且平整的地板或户外区域
- 遮蔽胶带
- 一把米尺或码尺
- 几个带暗合盖的胶卷盒 *
- 大约 10 片解酸药片
- 用于切药片的小刀
- 水
- 汤匙
- 卷尺或直尺
- 用于清洁的纸巾
- 笔记本

* 你可以在当地的照片冲印点、照相馆或可以冲洗胶卷的杂货店获得免费的胶卷盒。

为什么不充分利用酸性物质和碱性物质之间发生的化学反应呢？其释放出的气体能够发射一枚小型"火箭"！当然，每枚火箭都需要燃料。你将用到解酸药片，成人有时会服用这种药片来缓解胃痛。每片药片都是由柠檬酸和碳酸氢钠（又名"小苏打"，一种碱性物质）制成的——这两个家伙四处闲逛，等待水的加入，然后聚会就可以开始了。加水后，上述酸性物质和碱性物质之间会产生化学反应，并释放出二氧化碳气体。如果该气体是释放在一个小容器中，容器内的气压就会随之上升。你可以利用该能量朝天空发射一枚"火箭"。

首先，让我们来研究一下"燃料"数量的改变会如何影响"迷你火箭"的发射距离。

1. 铺设你的跑道，长 4.5 至 5.5 米，宽 0.9 米。用胶带捆住你的码尺，让其正面朝前，然后将胶卷盖紧靠着码尺或墙面放置。你可以将附近的一面墙作为发射起点，"迷你火箭"们将沿着地面发射，所以你可以测量出它们的发射距离。

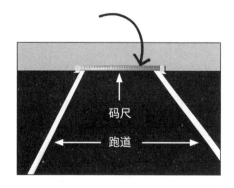

码尺

跑道

2. 在每个胶卷盒中加入 1 汤匙的水（大约占到胶卷盒的 1/3）。

3. 将几片药片掰或切成四等份，而另外一些分成二等份，留下一两片完整的药片。

4. 现在是练习时间，假装将一片1/4的药片放入胶卷盒中，快速合上盖子以防泄漏，然后将"火箭"靠着码尺或墙放置。请确保胶卷盖紧靠着码尺或墙，而胶卷盒则面朝前方。经过几次演练后，你就可以整装待发了。重要提示：一旦你将药片置于胶卷盒中，请立即松手！

请耐心等待。同时，请确保你们所有人都站在码尺的后面或退到一侧，千万不要站在火箭的跑道上。

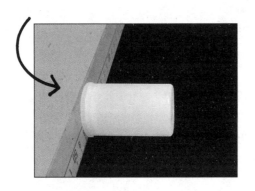

5. 先从1/4片的药片开始吧！将其扔进胶卷盒，盖上胶卷盖。将胶卷盖置于跑道上并且紧靠着码尺或墙放置，然后后退。

6. 倒计时：10、9、8……发射升空！当然，你的火箭可能在倒计时结束前就发射了，也可能在倒计时几个回合后才会发射。火箭专家们是一个极富耐心的团队。

请记住：

禁止打开已经加注了燃料的"火箭"，也禁止任何人进入"火箭"的跑道上！

7. 好好欣赏发射的过程吧！

8. 测量"火箭"的射程，将该测量值与使用药片的大小一起记录在笔记本上。

9. 擦干净跑道，然后使用另一大小的药片再进行一次实验。药片的大小会影响"火箭"的射程吗？

请注意：如果三分钟后火箭仍未发射，请让你的成人助手用手小心地盖住它，然后对着地板上已经铺好的纸巾打开胶卷盖。

盖子　　　　　　　　　　火箭

现在，试试这样做：

- 改变水的数量，但是保持药片的大小不变。

- 测量每枚火箭的发射时间。你可以制作一张统计表，比较燃料的数量和"火箭"发射的时长。你的预测是什么？

- 在胶卷盒中加入一定重量的物品，例如，一小块鹅卵石。

- 改变水的温度。比起冷水，热水会使火箭发射得更远吗？

刚刚发生了什么

当你将起泡的药片扔进水中，就发生了化学反应。酸性物质和碱性物质相互作用，释放出了充满二氧化碳的小气泡。随着化学反应的持续进行，胶卷盒中会产生越来越多的二氧化碳，并开始对胶卷盒各面施压，有点像吹气球。但是，由于胶卷盒无法被撑大，因此，释放压力的唯一方法就是"爆破"！胶卷盖突然爆开，然后气体以最快的速度就冲了出来。气体不断将胶卷盖推向码尺，迫使胶卷盒朝另一个方向飞过地板。

历史上有一位非常杰出的科学家，他就是艾萨克·牛顿爵士。他发现任何一个作用力都存在一个大小相等而方向相反的反作用力，而且这种现象随时都在发生。这个发现成了牛顿的三大定律之一。在本次实验中，气体朝着一个方向（对标尺或墙）施加一个作用力，而"火箭"则被另一个大小相等而方向相反的反作用力推向另一个方向。真正的火箭发射背后的科学原理也是如此。火箭的燃料位于其底部的发动机内，燃料在燃烧后朝地面施加一个作用力，将火箭的其他部分推向另一个方向，火箭就发射升空了！

请尝试在下一页的课外活动中检测一下该知识点。

为例，将两个氢原子和一个氧原子结合起来，它们会形成 H_2O，一种你每天用来洗手和饮用的物质：水。CO_2 是二氧化碳气体——你每天数千次呼出的气体之一，它由一个碳原子和两个氧原子构成。

化学分子式 宇宙中还存在着其他成千上万的分子搭档。小苏打的化学分子式是 $NaHCO_3$。看起来和 nacho（注："烤干酪辣味玉米片"的英文单词）有点像，但是远远没有那么美味。我们将这些字母和小数字的联合体称为"化学分子式"，它可以向我们传递该分子所包含的大量信息。以 $NaHCO_3$ 为例，根据这些小数字，我们知道这个分子中一定含有一个钠原子（Na）、一个氢原子（H）、一个碳原子（C）以及三个氧原子（O）。为什么用 Na 表示钠元素而不用 S 呢？是因为字母 S 已经用来表示硫元素了。（注：钠的英文为 sodium。因此，化学家们选用了钠元素的拉丁文名称——natrium。）

如果有人将酸队和碱队的队员混合在一起，通常会发生什么事呢？一般来说，会发生三件事。首先，热量的产生会导致物体升温。同时，当酸性物质和

我们发射升空了吗？

你完成"摇摆的火箭"那个任务了对吗？很好。下一个挑战是什么？将你的"火箭"射向月球，或者至少射向天花板。这次，你将搭载一位"乘客"——或者一个有效载荷。你将需要设计一些别的零部件，从而使"火箭"以一种稳定的飞行方式发射得更远。如果你准备了多个胶卷

活动器材

- "摇摆的火箭"实验中用过的胶卷盒和胶卷盖
- 解酸药片
- 纸（任何颜色都可以）
- 剪刀
- 用于描摹圆圈的圆形物体，如胶卷盖
- 铅笔或钢笔
- 胶带
- 一小颗糖果、一小块鹅卵石或一个小玩具（大小相当于一颗巧克力豆），作为有效载荷
- 盘子，作为发射台

盒，你就可以针对每一个胶卷盒进行一个略有不同的设计（记得做好记录哦），然后观察哪枚火箭飞得最高或最直。

1. 看一些真实火箭的照片或视频。它们具有哪些相同的零部件？你至少需要打造一个鼻锥体和几个稳定翼，还可以加入一些有趣的装饰品。在装饰火箭时，千万不要用胶带将胶卷盖封住，也不要用胶带封住任何可能妨碍胶卷盖合上的东西。

2. 火箭的鼻锥体将划破天空。接下来，我们就来制作一个鼻锥体。首先，画一个圆圈。我们应该很容易在家里找到一些圆形容器。你将需要用不同尺寸的圆形物体做实验。

这样超级好玩，对不对？

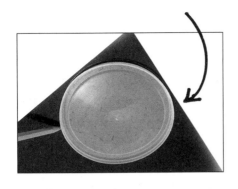

然后，用你的剪刀对准圆心剪两下，剪出一个 1/4 大小的楔形（如同一片馅饼）。

将楔形放在一边，然后将剩下图形的一边与另一边合上，最后卷起来形成一个圆锥体。圆圈越大，圆锥体就越高。

3. 将你的有效载荷置于圆锥体内，然后用胶带将它与无盖胶卷盒的末端黏合起来。

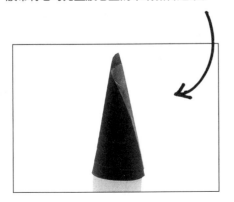

4. 你可以剪一个矩形纸条，用来包裹火箭的主体。请务必小心，千万不要把胶卷盖封住。

5. 制作几个稳定翼，稳定翼通常是三角形的。你可以先剪出一个矩形，然后沿着对角线将矩形剪成两半。将侧面稍稍弄弯，然后用胶带将稳定翼贴在火箭上。研究一下你的火箭在搭配两个稳定翼时飞得更好，还是三个或四个时更好。更长、更短、更宽或更窄的稳定翼会制造出不同的效果吗？做出几种不同的火箭设计，然后一一检验。

6. 设立一个发射台，将一个盘子置于房间中心的地板上或户外。练习加注燃料的过程，迅速盖上胶卷盖，然后将盖子朝下置于盘中。鼻锥体应该朝向天花板或天空。

7. 请确保在场的每一个人都戴了防护眼镜，或者站得非常靠后。现在，真的加注燃料吧！请从加注少量燃料开始——大约一汤匙的水（大约占胶卷盒1/3满）。当一切准备就绪，请加入1/4片的解酸药片。盖上胶卷盖，将胶卷盖朝下置于盘子中，鼻锥体朝向天花板，然后立即后退。重要提示：一旦你将药片置于胶卷盒中，请不要再俯身打开它或挡住它。请多点耐心！

8. 检测你制作的每一枚火箭，并尝试用不同数量的燃料（1/2片或整片解酸药片）做实验。

刚刚发生了什么

你的有效载荷抵达天花板了吗？抵达天花板需要多少燃料？哪个火箭的设计是最佳的？所有火箭都具有以下零部件：鼻锥体、主体、稳定翼以及某种燃料或推进方式。我希望你已经发现，如果将鼻锥体制作成符合空气动力学的形状，将能够避免因空气受阻而减速。什么尺寸的鼻锥体最适合你的火箭呢？你可能已经发现，如果在鼻锥体中加入一点载荷，就可以使飞行更加平稳。这是因为，载荷的加入使火箭的重心前移。那么，多少个稳定翼的效果是最好的呢？置于适当位置的稳定翼可以帮助"火箭"飞得更直且更稳定。你可能也已经发现了，如果你的稳定翼更靠近胶卷盖且足够大，你的"火箭"就会飞行得更稳定。你可以通过布局稳定翼使火箭在空中飞行时旋转吗？虽然这些只是微小的火箭，但是其运用的基本原理和真正的火箭是一致的。

碱性物质相互碰撞时，水分子会喷涌而出。最后，部分原子会结合起来形成盐。但是，千万不要将这些盐撒在你的薯条上！因为它们大部分都是强酸或者强碱，味道会很恶心，甚至很危险！

想让那些总是吹嘘自己的孙子或孙女有多聪明的邻居赞叹不已吗？只要说出一句"酸性物质和碱性物质的结合叫作'中和作用'"就可以啦。中和作用相当于化学界的超级杯足球赛。有时，如果有更强的酸性物质或碱性物质在球门区肆无忌惮地手舞足蹈，这就是一场毫无悬念的比赛。有时，如果双方势力相当，一种超强酸和一种超强碱能够相互抵消，最终就会产生一种温和的中性混合盐水。我们可以把这种情况想象成一场化学物质最后打成平局的比赛。

你小时候一定玩过跷跷板吧？当跷跷板达到完全平衡的状态时，它两头离地面的距离相等。你也可以说酸性物质和碱性物质同样也在一个大型的跷跷板上。化学家们创造了一个叫作"酸碱度标度"的东西。和跷跷板一样，它也乐趣无穷！（化学反应很有趣，对不对？）

酸碱度标度是科学家用数字将全世界的物质分成酸性物质和碱性物质的方式。酸碱度标度从0开始，到14结束。酸碱度在0和7之间的是酸性物质，在7和14之间的是碱性物质。纯净水不偏不倚正好位于酸碱度标度中间，其酸碱度为7。你的血液略高于纯

"pH"（注：酸碱度）中小写的p和大写的H到底代表什么呢？H代表的是氢元素。它是地球上（甚至宇宙中）最常见也是最重要的元素！宇宙的90%都是由氢气组成的。氢元素是一个繁忙的小元素，它参与了各种各样的化学反应。你已经认识了我们了不起的好朋友H_2O（水）。每一滴水都是由两个氢原子和一个氧原子共同组成的。你应该还记得酸性物质和水混合时会释放出氢气吧？因此，概括一下：H=氢，明白了吗？

那小写的p又代表什么呢？没有人知道确切的答案，但是人们普遍认为p代表力量（注："力量"的英文单词是power），氢元素的力量！

净水——其酸碱度约为7.4。你体内的不同化学物质拥有不同的酸碱度——例如，胃酸的酸碱度（呈酸性）的值要比唾液的低得多。

课外实验

酸碱度的探究与记录

活动器材

- 一位成年人（请牢记成人规则，本实验涉及沸水）
- 紫甘蓝
- 砧板和小刀
- 一个炖锅
- 水
- 漏勺
- 碗
- 勺子
- 白色的碗或玻璃杯或纸杯
- 可食用的液体，例如，醋、柠檬汁、苹果汁和苏打水。温和的家用清洁剂，例如，洗洁精、洁厕剂、洗发水、门窗清洁剂和洗手液

注意： 千万不要选用过强的清洁剂！拿走任何清洁剂之前，请务必询问家长——他们可能还需要那瓶清洁剂！也千万不要触碰漂白剂和氨水！更不要将二者混合起来，因为它们混合会释放出有毒气体。

舔一舔柠檬！真酸！这是分辨酸性物质的方式之一。请记住，一般来说，酸性物质尝起来是酸的，而碱性物质尝起来是苦的。但是，许多酸性物质和碱性物质的味道实在是有点恶心，甚至会引起中毒。我们还有一种不用舌头就可以分辨酸性物质和碱性物质的方式。酸碱度指示剂可以测量液体的酸碱性；测试时根据酸碱性的程度，液体的颜色也会随之发生变化。你

可以在商店里买到神奇的酸碱度试纸（也叫作"石蕊试纸"）。但是，你也可以将这笔钱省下来，在家中自己制作一锅测量酸碱度的药水，然后用它来验证你对家中液体的酸碱性所做出的假设。以下是具体制作方法：

1. 在开始实验之前，请先针对你收集到的液体做出一些假设。

你认为哪些是酸性物质，哪些是碱性物质？为什么？

2. 请你的成人助手切碎大约 2 杯的紫甘蓝菜叶。菜叶要切小，但是也不能太小，以免碎菜叶直接穿过滤网。

3. 将紫甘蓝碎菜叶置于锅中，加入刚好能浸没紫甘蓝菜叶的水。将锅置于炉子上，煮大约 20 分钟，或者煮到锅中的水变成深紫色。

4. 将锅从炉子上取下，待其自然冷却。

5. 将煮好的紫甘蓝菜汁过滤到碗中。你需要的就是这个紫色菜汁。就测量酸碱

度而言，这个东西比金水更有价值。为什么？当接触酸性物质或碱性物质时，紫甘蓝菜汁会随之改变颜色。（剩下的菜叶味道极佳，多吃点，后面你还可以做一些超酷的臭屁实验！）

酸性物质	碱性物质
酸碱度1~2—深红色	酸碱度8—蓝色/绿色
酸碱度3~4—紫色	酸碱度9~10—绿色/黄色
酸碱度5~7—蓝色	酸碱度11~12—黄色

6. 现在，我们就可以开始测量酸碱度了。将满满两匙家用清洁剂倒入一个白色的碗或玻璃杯或纸杯中。

7. 加入一满匙的菜汁指示剂，家用清洁剂极有可能会改变颜色。该颜色表明了该测试液体的酸碱度。（尽管测量结果没有你在商店购买的酸碱度试纸那么精确。）

8. 另取一个白色的碗或玻璃杯或纸杯，在家中找一些其他的液体，然后重复步骤6和7。尝试收集大量不同的颜色，制作出专属于你的酸碱度标度！你做出的假设都正确吗？

刚刚发生了什么

许多植物和鲜花都呈现出红色、紫色或蓝色，这是因为它们含有五颜六色的化学物质。该化学物质名叫"花青素"。苹果、蔓越莓、蓝莓、草莓和紫甘蓝都含有大量的花青素。当你煮紫甘蓝时，花青素从菜叶中渗透出来，然后进入水中。花青素通常是紫色的，但是一旦它们靠近氢原子，就会改变颜色。酸性物质包含大量的氢原子，因此，当你将花青素与某种酸性物质混合在一起时，该混合物就会略带粉色。你可以想象成酸性物质让花青素有点难堪，于是花青素脸红了。遇到不同的碱性物质，花青素会有不同的反应，变成蓝色、黄色，或嫉妒得"脸色"发青（哈哈），这取决于碱性物质的强度。

让我们一起从字母A跳跃到字母B吧！让我们勇敢地面对细菌、血液、鼻屎和饱嗝的疯狂而奇异的世界吧！相信我，这将会是一场狂欢盛宴！

细菌

此时此刻，上万亿只的微生物正在你全身上下四处爬行。它们甚至爬进了你的体内！它们正在你的舌头上四处闲逛，在你的鼻子里筑巢搭窝，或是在你的肠子里嬉戏玩耍。事实上，你体内和身上所含的菌细胞数量是人类自身细胞数量的**10 倍之多**！

细菌属于微生物，"微"的意思是"极小的"。这些家伙是如此之小，以至于它们实际只占你体重的2%。一个成年人体所含的菌细胞总重量大约为 1.35 千克——基本相当于人脑的重量。

请记住：洗干净你那双脏兮兮的小手！

除大量的细菌以外，你的皮肤上还"住"着病毒和小螨虫。

28

细菌宾馆

加1小时的烹饪时间

细菌太小了，我们的肉眼很难看见，除非无数的细菌在同一个地方闲逛游玩。为了研究已经在你家免租入住的十二大金刚（参见第 33 页），你需要一个温暖舒适的地方来培育大量的细菌。你可以在网上购买已经填充了琼脂（注：一种适宜多种细菌生长的胶质）的培养皿。

你也可以在家中打造一个专属的"细菌宾馆"。你的"细菌宾馆"可能无法培育出在你家中闲逛的所有种类的细菌，但是，你也可以了解到相当多的细菌。如果你选择打造一个专属的"细菌宾馆"，请继续往下读。

活动器材

- 一位成年人，负责处理热液
- 2 杯牛肉或鸡肉清汤（罐装或立方体装）
- 炖锅
- 2 汤匙琼脂（超市或网上有售）
- 勺子
- 12 只烘焙用的铝箔纸杯
- 12 杯装的松饼烤盘
- 食品保鲜膜或铝箔纸
- 12 个塑料自封袋

1. 将两杯清汤倒入炖锅中。

2. 取 2 汤匙的琼脂，然后倒入炖锅中。

3. 请你的成人助手帮忙，将炉子调至小火。

4. 搅动炖锅中的液体，每隔几分钟将火调大一点，直至液体开始沸腾。我们需要在整个烹饪过程中持续搅拌琼脂，因为它很容易燃烧起来。当炖锅的边缘出现许多小气泡时，就代表液体已经沸腾了。

5. 每隔一段时间，从炖锅中将勺子取出，检查勺子上是否残留了少量的琼脂。如果勺子上仍然可以看见琼脂，请继续搅拌。如果勺子上看不见任何琼脂了，请将炖锅从火上取下，然后等它冷却。

6. 将烘焙用的铝箔纸杯置于烤盘中。如果铝箔纸杯中内置了小小的纸质衬片，请将其取出，留着以后用来制作青春痘纸杯蛋糕。

7. 待琼脂混合液稍凉，请你的成人助手将它倒入纸杯中，每个纸杯大约倒 1/3 至 1/2 满。

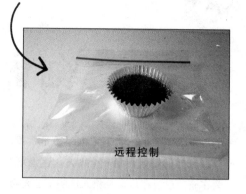

远程控制

8. 取一个勺子，舀出并扔掉在液体表层形成的任何怪模怪样的气泡或小点。

9. 让混合液在松饼烤盘中继续变凉，然后覆上食品保鲜膜或铝箔纸。

10. 将烤盘置于冰箱中，直至混合液冷却成固态（大约需要 1 小时）。

11. 当混合液凝固后，将"细菌宾馆"从烤盘中取出，然后将其置于它们专属的自封袋中。请当心，不要让你的手指触碰到"宾馆"的凝胶。

12. 将自封袋封起来，然后保存于冰箱内，直至你准备好为细菌们"办理入住"。

刚刚发生了什么

你已经成功为细菌们打造了一间舒适的卧室。如果能够保证充足的食物（牛肉清汤等）和半固态的生长环境，细菌们将疯狂滋生。变成胶状的琼脂取自红藻的细胞壁，对于所有化学家来说，它实际上是由某种糖分制成的一种聚合物。

你成功打造了一个完全无菌的"细菌宾馆"。所以，即将入驻的细菌很可能不需要和其他在空中飘过的微生物竞争，它们能轻松地独享整间"宾馆"。

入住细菌宾馆

既然你已经准备好了"细菌宾馆"（并已经在枕头上放置了小颗的薄荷糖……开个玩笑），你就该招揽一些"客人"了。细菌们不会自己去敲你冰箱的门，然后请求租一间房——你需要自己去寻找它们！首先，对你家中会滋生最多的细菌的地方做出一个假设。然后，验证该假设！在"口臭"一章的课外实验中，我们还将用到这个"细菌宾馆"。因此，你可能想现在就阅读该章，然后同时进行这两个实验。

活动器材

- 细菌宾馆
- 12 根棉签
- 永久性马克笔

1. 在你准备招揽"客人"前一个小时，将你的"细菌宾馆"从冰箱中取出。

2. 决定你将蘸取细菌的场所——马桶座圈、计算机键盘、牙刷、厨房海绵等。（请参考第 33 页上的十二大金刚清单获取灵感。）

3. 将棉签的一头置于水龙头下稍微弄湿，然后用潮湿的那头摩擦你认为可能有细菌的场所。

4. 解开自封袋，用棉签按图片上的轨迹摩擦凝胶，然后将棉签扔进垃圾桶，最后封紧自封袋。

5. 用马克笔在自封袋上注明样本的来源，然后保证绝不再打开自封袋。你培育的可能是某种特别危险的细菌，请认真对待。好了，现在请大声说出"我发誓！我绝不会再打开这个自封袋。"拉钩，上吊，一百年不许变。

6. 针对十二大金刚清单上的其他项，或者想出细菌们喜欢的其他场所，重复步骤 2 至步骤 4。

7. 将你的"细菌宾馆"储存在家中的某个温暖而漆黑的地方；一个你充满好奇心的弟弟妹妹或小狗小猫无法碰到的地方。

8. 几天后，你提供的安静的、住宿加早餐的简易"细菌宾馆"就会变成住满了成倍增长的微生物的大型"宾馆"。给你的客人拍照留念吧！但是，请牢记你的神圣誓言：永远不会打开自封袋！

9. 做完实验后请将"细菌宾馆"和自封袋扔进垃圾桶。

10. 下次你的家长要求你打扫家里卫生时，请多多帮忙。因为你现在已经知道这些地方到底住着什么了！

刚刚 发生了 什么?

你大概已经在你的"宾馆"里培育出了一些有趣的微生物了。细菌一般是白色或黄色的。如果某种细菌的颜色较深，多色且长有绒毛，它很可能是某种霉菌或真菌。无论你培育出来的是哪种细菌，可以保证的是，它肯定是令人作呕的！现在，找到宾馆中滋生的某个小斑点，不要将它看作是一只小细菌，实际上，这个小斑点聚集了成千上万只细菌！ 没有显微镜的话，你是无法看见一只单独的细菌的。

你培育出了某些微生物，但并不表示你培育出了实际潜伏在棉签上的所有种类的细菌。细菌无处不在，但是，和人类一样，细菌也是非常挑剔的，一些细菌喜爱甜食，而另一些喜爱寒冷的地方。你的"细菌宾馆"就是提供某种特定食物的某种特定环境。因此，虽然某个细菌品种能够在你的厨房海绵中幸福地生活，但它可能无法在你的"宾馆"中生长和繁殖，因为你的"宾馆"没有提供它们喜爱的食物和温度。

哪个场所的细菌更多——你的智能手机还是你的马桶座圈？答案也许会吓你一跳！

直到某个地方聚集了成千上万只细菌，你才能用肉眼看见它们。

你认为你家中哪个地方分布的细菌最多？以下是一个可能在你意料之外的、有关细菌最喜爱的度假场所的清单（排名不分先后）：

1. 地毯
奇脏无比，比普通的马桶座圈脏4000倍。

2. 计算机键盘
没错，你每一次敲击键盘，你的手指就会存入大量新的小细菌。

3. 厨房水槽
到目前为止，其细菌数量比浴室水槽多。

4. 厨房海绵
一个真正的臭鬼！比你的马桶脏20万倍！

5. 手机屏幕
布满了细菌——其细菌数量比你的马桶座圈要高得多！

6. 电视遥控器
换频道的手也传递细菌。

7. 厨房砧板
除非你将砧板洗得特别特别干净，否则在马桶座圈上切蔬菜反而更干净一些！

8. 门把手
所有人身上细菌的集合地。

9. 马桶座圈
没错，你臀部落坐的地方的细菌要多于拉大便的地方。（但是，这不意味着像狗一样从抽水马桶中喝水是安全的。漂浮在马桶中的任何细菌很可能都是有害的——毕竟，你的身体想要把它们处理掉是有原因的。）

10. 你的口腔
口臭？那都是因为你的口腔中有细菌。

11. 你没洗过的双手
这下明白家长们为什么总是唠叨让你用肥皂洗手了吧？

12. 你洗过的双手
想要洗掉那些讨厌的细菌真的很难！

细菌不仅分布在你的细胞中，这些聪明的小家伙还存在于你周围的空气中和你走过的路面上。我们整个地球都被一层厚厚的细菌所包围——它们甚至可以在距离地表约9600米的高层大气中生存，令人吃惊的是，那里的气温仅为零下16摄氏度！

一提到细菌，许多人都会惊慌失措。实话实说，虽然有些细菌是有害的，但是我们地球上每一个生物的生存都依赖这些微小的、有时可怕的但多半是极好的微生物。它们在我们的体内和大自然中履行着各种各样的功能。因此，让我们来独家揭秘细菌是如何提供帮助以及偶尔造成危害的。

有些细菌会导致我们生病，但是大多数细菌都是益生菌。地球上仅有约1%的细菌会导致疾病，而其余99%的细菌都是超级有益健康的。例如，就在此时此刻，你的内脏中就存在着大约100万亿的肠道细菌。没有这些小家伙，你几乎无法消化任何食物。每位美国人每年平均吃掉大约900千克的食物，我们胃中的细菌真是富有敬业精神。另外，科学家们发现，细菌还有益于我们的免疫系统。因此，虽然一些细菌会导致你生病，但是，其他大量的细菌正在为你的健康而不懈奋斗。毕竟，你的身体是它们的家园。

哟，酸奶！

酸奶可以帮助增加你体内益生菌的数量。如果酸奶上有"活性乳酸菌"（LAC）认证，那么每克酸奶至少含有1亿活性乳酸菌。当然，乳酸菌越多越好！接下来，我们还将介绍更多的酸奶常识供你了解。

那么，酸奶中究竟潜伏着哪些种类的细菌呢？保加利亚乳杆菌和嗜热链球菌是其中的两种。另外，酸奶中可能还含有嗜酸乳杆菌或比菲德氏菌。查看商店里购买的酸奶的成分说明，你或许就可以了解其中所包含的细菌的种类了。

制作酸奶不一定需要奶牛。选用水牛、山羊、绵羊、马、骆驼以及牦牛产的奶同样可以制作出酸奶。或者，你也可以选用椰奶、杏仁奶或豆奶。

当你将酸奶静置时，经常会出现一种黄色的液体，这就是乳清。它主要包含乳酸菌、乳糖和水。当人们制作希腊酸奶时，他们会将酸奶置于一块织物中，从而将乳清过滤出来。奶牛和猪都喜欢乳清的味道，有些人也喜欢。试试吧！它甚至可以作为配料加入到环保型涂料中，使木地板变得坚硬而富有光泽。

哇，既制作出了美食，又得到了好看的木地板！这些都得益于牛奶中的细菌。

课外实验

加 12-36 小 时 的 等 待 时 间

细菌酿造

尝试做一下这个有趣的小实验吧！让我们一起来探究一下当益生菌和牛奶零距离接触时，益生菌会发生怎样的变化。虽然该实验的成果是不能食用的，但是它可以向你展示抗生素的作用，即杀灭细菌。（衷心感谢麻省理工学院的托德·莱德博士，是他分享了这个实验。）

活动器材

- 两三个干净的广口瓶。（我们使用的是空的调味瓶，空的婴儿食品罐或小的果汁玻璃杯也可以）
- 超高温巴氏杀菌牛奶。（它通常是装在单个的饮料盒中，位于超市的奶粉或罐装牛奶区域）
- 含活性乳酸菌的酸奶
- 三重抗生素软膏。（如果你愿意的话，也可以选用其他类型的软膏，例如，单重抗生素软膏或类似茶树油精华的天然抗生素软膏）
- 两三个勺子
- 箔纸或盖子（用来覆盖广口瓶）

1. 请确保你的小广口瓶或玻璃杯是干净的。（如果可以的话，请将它们置于洗碗机中进行高温清洗。）然后决定你是要检验某一种抗生素还是多种抗生素。每个广口瓶中可能都将放入一种抗生素，所以你需要给瓶子贴上标签："不含抗生素""抗生素A""抗生素B"等。

2. 取出你的超高温巴氏杀菌牛奶。"超高温巴氏杀菌"是什么意思呢？这意味着，在你从商店采购牛奶之前，它已经经过了超高温加热，以至于包含的所有细菌均已被杀灭，因此它甚至无须冷藏。如果你选用的是一次性包装盒，请插入吸管，然后挤压包装盒，使牛奶射入每一个广口瓶中，装至大约半瓶。

3. 用勺子舀出一团鼻屎大小的酸奶，分别置于每个瓶子中。如果你想要测量得更精确，大概要用1/8茶匙的酸奶。

4. 另取一个干净的勺子，舀出一团差不多大小的三重抗生素软膏，将其快速置于标有"抗生素A"的瓶子中。

5. 如果你还准备测试另一种抗生素，请重复上述步骤。但是，请另取一个干净的勺子舀出抗生素，然后将其置于标有"抗生素B"的瓶子中。

6. 用盖子或箔纸将广口瓶封住。轻轻摇晃瓶身，注意防止溢出。

现在，你有两种选择：

1. 将瓶子置于你家最温暖的房间中，然后等待两三天。

或者

2. 你可以将烤箱调至约100摄氏度，当烤箱加热到该温度时，关掉烤箱。将你的实验对象快速置于烤箱内，然后第二天早上取出。

无论你采用哪种方式，时间一到，请拿起你的瓶子，然后将其倾斜至一侧。发生什么了？为什么会存在差异？

千万不要食用本次实验中制作的酸奶。你肯定不想食用添加了皮肤科常用的抗菌药物的牛奶。但是，你可以在网上找到很多很棒的关于制作酸奶的食谱。

刚刚发生了什么

你大概已经注意到了，标有"不含抗生素"的瓶子内的牛奶已经变得浓厚而黏稠。这是因为，当你在牛奶中加入一团酸奶后，就等于在牛奶中加入了一些有益且活跃的细菌。它们在你的瓶子中找到了一个舒适的家，然后开始大量地繁殖（衍生出更多的细菌）。接着，它们继续忙碌地制造大量的乳酸，从而使牛奶变得浓厚而柔滑，新的酸奶也就形成了。你加入在其他瓶子中的抗生素杀灭了酸奶中的乳酸菌，于是，乳酸没有形成，所以牛奶依旧还是牛奶。

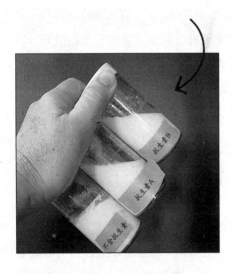

请注意，在我们的实验成果中，位于最下方的瓶中的物质保持了水平状态，而上方的仍然是牛奶的两个瓶子内的溶液流到了一侧。这是因为，那个不含抗生素的瓶子里是固态的酸奶，不会流动。

冷冻酸奶有哪些独家内幕呢？在冷冻状态时，益生菌只是进入了休眠状态。当你食用冷冻酸奶时，益生菌会在你的体内变暖，简单来说，细菌"苏醒"了，然后变得活跃起来了。但是，请注意，冷冻酸奶、酸奶椒盐脆饼干，甚至一些商业性酸奶的益生菌含量可能都很低甚至没有。请查看它们的包装上是否印有"活性乳酸菌"的字样。

从此刻开始，希望你已经喜欢上了你体内那些无比美丽的细菌。说到人体，如果没有血液，你会在哪里？想知道答案，继续往下看吧！

血液

呼叫所有的吸血鬼，是时候爬出你们的"卧室"了。不要忘了刷一刷你们的尖牙，并拿上你们的披风。你们马上就能喝到你们最爱的饮料——血液。

哈哈哈哈！

近1亿米。你的血管将可以围绕地球两圈半！全世界最长的五条河流加起来的总长度仅是这些血管长度的三分之一。而所有这些血管都井井有条地分布在你的体内。

在你体内繁忙的血管之河上，同样漂浮着许多"船只"。红细胞是超大型游轮，它们能够搭载氧和二氧化碳；白细胞则有点像海岸警卫队或海军，它们能够保护你免于海盗的袭击（注：对我们而言，海盗指的是病菌）。然后，血液中还存在着血浆——一种黏稠的淡黄色液体，请将血浆想象成一个垃圾牵引拖船。血浆能够运走体内的废弃物，例如，无用的营养成分、二氧化碳以及死掉的细胞，从而让你的血管之河保持干净。血液中还存在着一些血小板，它们像救生用具一样漂浮在你的动脉和静脉中。如果你一不小心割伤了自己，它们就会凝结成块，从而防止你的血液流失。

你的体内分布着一个河流网络——血管之河。如果你可以通过某种方式将所有这些动脉和静脉一字排开，其长度将接

你的眼球和头发都有着特定的颜色，同样，你也有着特定的血型。血型一共有8种。在20世纪早期，生物学家们就发现了各种各样的血型并给它们命名：A型、B

型、AB 型和 O 型。而每种血型又包含两个部分：Rh 阳性和 Rh 阴性。4×2=8，对吧？因此，4 种血型乘以 2 种 Rh 等于 8 种不同的血型。

那么，它们的命名是如何来的呢？是因为 A 型血的血液测试更难吗？不是！这只是一种简便的命名方式。人体的红细胞表面存在一种名为"血型抗原"的特殊物质。你可以将它们想象成某种 ID 手环：如果你是 A 型血，那么你的身体就能识别并允许佩戴 A 型 ID 手环的血液进入。它说："好吧，这些哥儿们很酷，放他们进去！"如果你是 B 型血，你的身体就钟爱含有抗原 B 的血液。如果你是 AB 型血，你的身体就能同时识别出含有抗原 A 和抗原 B 的血液。如果你是 O 型血，这就好像你没有佩戴任何一种 ID 手环，你的身体也只钟爱没有佩戴 ID 手镯的血液。

虽然，O 型血的人只能输入 O 型血，但是，他们是了不起的献血者。因为它们的血液不含有任何 ID 手环，所以 A 型血、B 型血和 AB 型血的人都会允许这种新的血液进入而不设任何阻碍。这也是为什么 O 型血的人被称为"万能供血者"。如果你是 O 型血，人们就会常常请你献血。而 AB 型血的人被称为"万能受血者"，因为他们的血液可以接受 A 型血、B 型血、AB 型血以及 O 型血。

一杯血液

假如你会缩骨大法，缩小后的你就能够在你的血管中来个一日游，你将清楚地看见血液是由血浆、红细胞、白细胞和血小板四种成分组成的。假如你不会缩骨大法，退而求其次的方法就是：走进厨房，然后将某种可食用的"血液"和一些可以代表血液四种成分的食物混合起来。

1. 柠檬水将代表你淡黄色的血浆。取一个玻璃杯，倒入半杯多一点点的柠檬汁。如果你想要更专业，就以 55% 为目标吧，因为血浆约占血液的 55%。

2. 石榴籽或蔓越莓干将充当你的红细胞。如果你选用的是石榴籽，那么请一位成年人将石榴切成四等份。然后，取四分之一的石榴置于手掌上，使石榴籽一侧置于掌中，而果皮一侧朝上。接着，用一个大木勺不断地敲击果皮，直至所有的石榴籽掉出来。加入石榴籽或蔓越莓干，直到差不多装满玻璃杯。此时，红细胞约占血液的 45%。

3. 苹果或梨子的白色果肉将充当你的白细胞。用勺子舀出一块苹果肉或梨肉，果肉应稍大于蔓越莓干或石榴籽。然后，将它加入到玻璃杯中。由于血液中的白细

- 玻璃杯
- 柠檬水
- 石榴籽或蔓越莓干
- 苹果或梨子
- 木勺
- 小刀
- 椰片

杯中加入少许椰片。和白细胞一样，血小板在血液中的比例也不到1%。

5. 搅拌均匀，然后为任何一位想品尝美味血液的人献上几大勺你的血液制品吧！

刚刚发生了什么

虽然血液中包含了很多固体成分，但是总体来说它是一种液体，这点至关重要。如果红细胞不是悬浮在血浆中，你的心脏就无法将红细胞输送到全身各处。血液约占你体重的7%，赶快拿出计算器，用你的体重乘以7%，就可以初步计算出你体内血液的重量了。每滴血含有几百万个红细胞、几千个血小板以及白细胞——换个角度来说，每发现一个白细胞，你就发现了大约40个血小板（血小板比白细胞小）和600个红细胞。

胞比例不到1%，因此你只能加那么一小块。如果是感冒了，那就多加一块。（当你生病时，你体内的白细胞数量会增多。）一边思考这个有趣的事实，一边享受苹果或梨子的美味吧！

4. 椰片将充当你无色的血小板，在玻璃

如果你认为人类的血型太过复杂，那请了解一下狗的血型吧！狗已经确认的血型就有8种，但是可能还有13种甚至更多的血型。牛的血型呢？我的天啊！它们有11种大血型系统——A、B、C、F、J、L、M、R、S、T和Z。

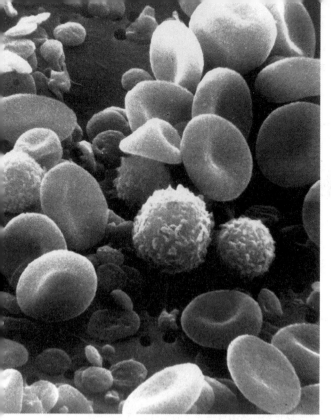

在显微镜下，我们的血液看起来像是一颗颗古怪的谷物。下图中是圆盘状的红细胞和看起来像蓬松棉球的白细胞。

血液技术员（这对吸血鬼来说简直是一份完美的工作）知道如何通过验血来明确血型。这份工作为什么如此重要呢？因为，如果人们因意外事故而失血过多，或是需要做手术，他们就需要从别人身上"借"一点血，这个过程叫作"输血"，这是一种了不起的拯救生命的方式。但是，随便给他们输血是不行的，你需要给他们输入匹配的血液。如果你给B型血的人输入A型血，他们的身体就会核查ID手环，

并说"警戒！警戒！侵略者来了！进攻！"他们的身体就会开始生成抗体，抗体们就像训练有素的士兵，对输入的血液发起猛攻！输入不匹配的血液会引起发烧和寒战，在一些罕见的情况下，病人可能会死亡。输血这件事可容不得一丁点的马虎。

猴子的那些事

现在你已经了解了所有的A、B、AB和O型血，那Rh血型指的又是什么呢？Rh血型因聪明绝顶的恒河猴（Rhesus Macacus）而得名。在恒河猴的血液中，科学家首次发现了Rh因子。大约85%的人都有Rh蛋白。如果你有此种蛋白，那么你就是Rh阳性血型（+）；如果你没有此种蛋白，那么你就是Rh阴性血型（−）。医生能够准确地判断出你的血型，所以下次去医院时，记得询问你的血型。A型Rh阳性血的人总喜欢说他们拥有A+的生活，但是你可以对他们说："朋友，你只是多一种蛋白而已。"

Rh阳性血和Rh阴性血的混合是另一个禁忌。实际上，如果一位Rh阴性血的女性怀上了一个Rh阳性血的宝宝，医生就必须给准妈妈注射一种特殊的药物，从而避免宝宝的血液受到母亲血液的攻击。我们的身体会时刻阻止那些没有正确ID手环的家伙进入，这也使我们免于受到各种各样病菌的侵害。

众所周知，血液是红色的。这是因为红细胞中含有一种名为"血红蛋白"的蛋白质，这种蛋白质能够吸引大量的铁（一种略带红色的矿物质）。铁与血液中的氧相互作用后，就形成了可爱的红色。你每吸入一口空气，红细胞就能够从肺部获得氧气，然后随着你"最有价值"的肌肉——心脏——不断跳动，向你身体的每一处输送血液，红细胞将血液中的氧气带到全身各处，从而促使血液之河上的氧气流经你的全身。

人的心脏分为左右两半，心脏的一半将低氧的血液输送到肺部进行"加油"，而另一半则将富氧的血液输送到人体的每一个细胞中。

从心脏流出的血液通过叫作"动脉"的血管进行传输。如果你将手指置于颈部或手腕处，就能够感觉到血液正流经你的动脉。试一试吧，是不是听到了"怦怦怦"的声音？几乎所有的动脉输送的都是富氧的血液。只有一根动脉——肺动脉——输送的是低氧的血液，因为它负责将血液从你的心脏输送到你的肺部以补充氧气。

将血液运回心脏的血管叫作"静脉"。除肺静脉以外的所有静脉输送的都是低氧血。（肺静脉负责将刚刚充过氧的血液从你的肺部运回你的心脏。）你皮肤下那些细细的蓝色线条就是你的静脉。静脉看起来是蓝色的，但是，其中所含的低氧血其实是暗红色的。光线射到

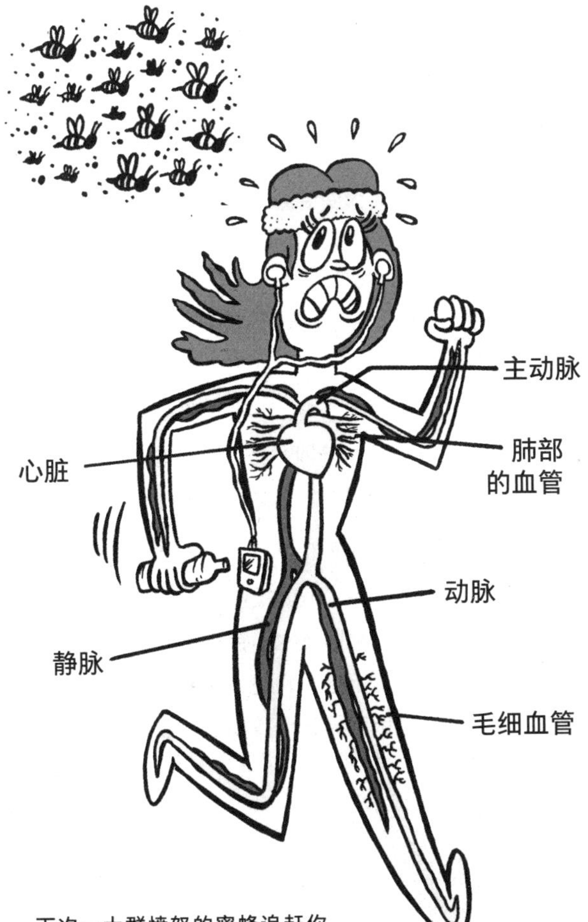

主动脉

肺部的血管

心脏

动脉

静脉

毛细血管

下次一大群愤怒的蜜蜂追赶你时，记得感谢你勤劳的循环系统。

41

吸血蝙蝠，这些夜间飞行者，四处突袭，寻找着熟睡的动物们。（如果能够吸到你的血就更好了，我亲爱的！）这些狡猾的生物会用它们鼻尖的热传感器找到猎物皮肤下最近的血液流经部位，先用锋利的牙齿咬掉碍事的毛发，然后一口咬下去，血液的盛宴就此开始！

这些蝙蝠的唾液中含有一种特殊的化学物质，能够防止血液凝固。蝙蝠的唾液中含有一种特殊的化学物质，能够防止血液凝固。这种物质名为draculin（它的名字来源于德古拉伯爵，最著名的坏蛋吸血鬼）。它们的唾液中还含有另一种物质，能够麻痹皮肤，因此熟睡的山羊或奶牛完全没有意识到自己已经成为蝙蝠的夜宵。吸血蝙蝠的体型很小，它的体重约

60克，大小仅相当于一个茶杯，因此，它们最多只能吸食大约1汤匙左右的血液。

你和你的好朋友分享过比萨，对吗？吸血蝙蝠也是如此，它们也喜欢分享。但是它们分享的可不是意大利辣香肠，而是血液。假设你是一只身体稍感不适的蝙蝠——你没心情奔波于田野间搜寻今晚的山羊盛宴。你的好朋友就会去追捕猎物，咬开猎物的静脉，吸食它们的血液，并在回家后大方地将血液吐进你的口中。多么好的朋友！但是，蝙蝠也有蝙蝠的规矩，它们希望对方能够有所回报。所以，它们也希望听到你说："嘿，哥们，下一顿我来请！"

你静脉的浅层皮肤上，然后反射回你的眼中，从而使静脉呈现出蓝色。大多数的血液循环系统都将静脉标为蓝色，这只是为了更加清楚地将流回和流出心脏的血液区分开来。请相信我们，你的血液绝对不是蓝色的！

但是，自然界中的其他生物呢？他们的血液也是红色的吗？抓住一只活螃蟹，割开它的血管，它就会流出蓝色的血液。这是因

为螃蟹的血液中含有大量的铜，当暴露在氧气中时就会氧化变成蓝色。那么，可爱的水蛭或蜥蜴呢？割开它们的血管，一股绿色的血液就会喷涌而出，这是因为它们的身体里面有一种叫作"血绿蛋白"的化学物质。

吸血鬼的最爱

为什么吸血鬼会如此喜爱血液呢？这份假血秘方不会使你头晕目眩，但是它可能会使你饥肠辘辘。（请当心……它可能会弄脏你的衣服、沙发和小猫。）

1. 取一只碗，倒入 1/4 杯的玉米糖浆，再加入 50 滴红色和 1 滴蓝色的食用色素。首先观察色素慢慢渗入玉米糖浆的方式，然后再用勺子搅拌均匀。

2. 一边搅拌，一边加入可可粉，最多可加入 1 茶匙。（先加入 1/2 茶匙的可可粉，看看你是否喜欢该颜色，如果不喜欢，可以再加入更多的可可粉。）

3. 你现在要制作的是非常逼真的血液，要使它能够吸引你家附近的吸血鬼。如果血液看起来太稀，就再加入一点玉米淀粉使其变浓；如果血液看起来太浓了，就再加入一点水。想要制作出完美的血液颜色，你可能需要不断尝试加入不同比例的蓝色和红色食用色素。

活动器材

- 碗
- 勺子
- 1/4 杯的玉米糖浆
- 红色和蓝色的食用色素
- 可可粉
- 玉米淀粉（可选）
- 水（可选）

4. 在你的手臂上抹一些假血，一边将血舔得干干净净，一边露出邪恶的笑容，让你不知情的朋友狂吐不已吧！

而一些海洋生物的血液则是黄色或者其他颜色。大自然真是喜爱五彩缤纷的血液彩虹啊！

就让鲜血"一直流"吧

很久很久以前，聪明睿智的科学家就知道血液对人类的健康至关重要。

但是，在过去的2000年里，全世界的治疗师普遍认为血液过多也会引起问题。到了19世纪中期，许多医生开始对病人进行常规"放血"。这意味着，他们真的会在病人的皮肤上切开一道小口子，然后放出部分血液。 或者，他们会利用水蛭吸出部分血液。肚子痛？寒战或发热？那就割开一根静脉，放一点血吧！但这并不是最有效的治疗方法哦。

虽然过去的医生对血液的了解没有现在的医生那么深入，但是他们对血液的实验从未停止过。其中最不可思议的一次实验发生在1667年。你听过"如羔羊般温顺"的说法吗？一位名叫让－巴蒂斯特·丹尼斯的法国医生，做出了一个假设，如果将羔羊血输入到一个游荡在巴黎街头的疯子的静脉中，这个男人就会表现出羔羊的温顺特征。很不幸，这是个糟糕的想法，那个病人没能活下来！很明显，羔羊的血型无法匹配那个可怜的病人的血型。

现在，你了解了你身上流淌的红色河流的真相了吧？

但是，血液并不是你身体制造出的唯一一种令人陶醉的物质。你从鼻子中挖出的那些黏糊糊的球状物质到底是什么样的小可爱呢？请继续往下读，学习一下如何制作出一份让美食评论家都赞叹不已的鼻屎大餐吧！

水蛭吸血……请照字面意思理解！

鼻屎

女王也挖鼻屎吗？是的，她挖出的可是皇家鼻屎！

嘿，你！是的，就是你！不要装出无辜的样子。你自以为我们看不见，但是我们看见了！请立刻将你的手指从鼻子中拿出来！不过，请相信并非只有你这样。一般来说，一个人每天大约将手指伸入鼻孔中四次。所以，请拿出几张纸巾，让我们一探究竟吧！

想象一下有 4 到 6 杯 250 毫升左右容量的水在你的橱柜上一字排开，那些杯子中装的不是水，而是糊状的黏液——你鼻腔内聚集的

一种物质。这些就是你的鼻窦——人体的黏液工厂——每天制造鼻涕的总量。每周 7 天，每天 24 小时，你的鼻窦们（鼻腔上部两边各一对和眉毛上部两边各一对）都在忙着制造鼻涕。因为你几乎咽下了所有的鼻涕，所以根本没有意识到其数量之庞大。鼻涕主要由水构成，但它们也被撒上了几种蛋白质、盐分，甚至还有糖分。难怪婴儿们总认为鼻涕是可以吃的美味！

事实证明，这种黏糊糊的混合物能够轻松地俘获各种病菌、灰尘和花粉，同时阻止这些不速之客进入你的肺部，防止它们引起肺部感染。另外，黏液还能够

45

你的鼻涕是绿色的并不代表你受到了细菌的感染。真的是这样吗？我想大声告诉孩子们和有类似想法的成年人，这是一个错误的观点！病毒能够轻易地使你鼻涕不断。

根据你鼻涕的颜色和浓度，你可以很大程度上了解自己的健康状况。

以下是一些你应该了解的基本常识：

一切正常

感染的早期阶段。该阶段可能持续1到3天。（如果你有过敏史，只要你接触到过敏源它就会发作并且持续很长时间。你的免疫系统会错误地将过敏源当作病菌，发动攻击。）在天气很冷的时候，你也会鼻涕直流，这是因为你的大鼻子试图通过增加鼻孔内血管的血流量来温暖吸入的冷空气。副作用？没错，就是不断滴落的鼻涕！

免疫细胞（白细胞）正大量地涌入你的鼻涕中，以抵抗入侵的敌人。

细菌或死亡的病毒细胞正从你的体内排出，并进入到鼻涕中。

杀死不良细菌和病毒。你的每个鼻孔中都生长着大量的鼻毛，它们像极了你放在家门口的地垫。黏液缓缓滑下你的鼻窦工厂，然后舒服地在鼻毛间住了下来。但是，对于你的鼻子来说，它是不受欢迎的垫子！入侵者们，比如，流感病菌、死皮细胞以及飞舞的头皮屑，统统都困在了黏液中。通常，它们还会在黏液中结块。暴露在空气中的黏液很快就会干透，形成小块的硬鼻屎，胆大包天地悬挂在你的鼻孔内。

作为早餐的鼻屎

所有的婴儿（还包括大量的成年人）都吃自己的鼻屎。为什么会这样呢？在萨斯喀彻温大学专门研究生物科学的斯科特·纳珀博士提出了一个理论，阐述了为什么将鼻屎作为早餐其实也并不太糟。一方面，因为鼻涕略带甜味（而人类喜欢甜食）；另一方面，可能是因为我们的免疫系统能够从困在我们鼻涕中的不良病菌中获得重要信息。知己知彼，百战百胜！以下是它的工作原理：当我们的身体接触了少量的病菌，我们体内的白细胞就学会了如何识别和对抗这些入侵的敌人。之后，当我们再次接触到大量此类病菌时，我们体内的白细胞就知道该如何对抗此类病菌了，它们会立即开始工作，防止我们生病。换句话来说，接触少量病菌（例如通过食入一些鼻屎）实际上能够增强我们的免疫力。纳珀教授认为那些吃鼻屎的人只不过是在"做我们应该做的事情"。下回，当你正津津有味地吃鼻屎时，如果不小心被你的父母当场抓到，就向他们阐述一下上述理论吧！

鼻子并不是唯一的黏液制造者。黏液还广泛分布于你身体的其他部位，包括眼

课外活动

香甜的鼻涕三明治

黏液广泛分布于你的鼻子和喉咙内，是人体抵御灰尘、细菌、花粉和废气的首道防线之一。想要了解它的工作原理，你不需要爬进朋友的鼻腔内，只需要制作一份专属的鼻涕，然后检验它们是如何捕获入侵者的！

活动器材

- 一根法式长棍面包
- 面包刀
- 黄油刀
- 蜂蜜
- 黄油
- 肉桂粉
- 白糖
- 碗

1. 洗手，准备开始制作你的鼻涕大餐。取一根法式长棍面包，切下长约10厘米的两段。用手指去除面包柔软的内部组织。每段面包都应该像一根中空的管子，管子内仍残留少许的面包屑是不影响的。

2. 用一段面包代表一个健康的鼻腔，并涂上美味的黏液和少许干瘪的鼻屎。因为我们准备使用蜂蜜和黄油，而不是真正的鼻涕，所以这份"鼻涕"会格外的香甜。

取黄油刀，将蜂蜜和黄油均匀涂满一段面包的整个内壁。用另一段面包代表一个不幸的缺少鼻涕的鼻腔，不需要在这段面包内涂抹蜂蜜和黄油。如果含有蜂蜜和黄油的面包的洞大于另一段面包的洞，请使用干净的黄油刀将不含蜂蜜和黄油的面包内壁尽量整平，直至两个洞的宽度相当。

3. 取一个碗，撒入大约一茶匙的肉桂粉和一茶匙的白糖，然后用勺子搅拌均匀。这些颗粒将代表经常卷入我们鼻内的入侵者：灰尘、花粉、孢子、细菌和病毒等。

不含黏液

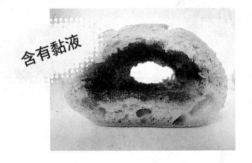

含有黏液

4. 在你的手中倒入大约 1/2 的肉桂粉和白糖。将涂满蜂蜜和黄油的面包置于另一只手中，然后置于水槽上。接着将面包、肉桂粉和白糖并排放在一只手上，用力吹肉桂粉和白糖，使其穿过面包的洞。取剩下的肉桂粉和白糖，针对不含蜂蜜和黄油的面包重复上述步骤。在尽情享用你的"鼻涕"三明治之前，请先观察一下每个"鼻腔"面包捕捉到的入侵者的数量。

刚刚
发生了
什么

虽然，两段面包的内壁或许都沾上了肉桂粉和白糖，但是，涂有蜂蜜和黄油的面包收集到的肉桂粉和白糖更多。你鼻腔中的黏液具有很强的黏性，能够帮助我们捕捉到那些吸入的不速之客，这就好比在你的鼻子中涂上了胶水。然而，黏液不会一直留在我们的鼻子中，当黏液变成鼻屎时，它就会摆脱你的鼻子；或者会选择一路向下，抵达咽喉的后部，然后被吞进胃里。

15
分钟

我流鼻涕了！

当你处于健康状态时，你鼻腔内的分泌物是稀薄而清澈的。但是，一旦你生病了，分泌物就会变得浓稠，形成鼻涕。现在，让我们共同来酿造一坨假鼻涕，以便让你看看鼻腔内的分泌物是如何"工作"的。幸运的是，这坨黏糊糊的东西肯定比真正的鼻涕美味。

1. 让我们先来看一份制作健康黏液的简单食谱：取一口锅，倒入 1/2 杯的水和 1/4 杯的玉米糖浆，然后搅拌。健康的黏液通常是清澈且稀薄的。

2. 现在，让我们想象一下，入侵你鼻腔的细菌或病毒已经入侵了你的身体。在锅中加入少许盐并搅拌，盐就用来代表这些病菌。

3. 一旦你的身体发现了不速之客的踪迹，

活动器材

- 一位成年人（请牢记成人准则，本次活动中涉及沸水！）
- 量杯
- 水
- 1/4 杯玉米糖浆
- 一口锅
- 勺
- 盐
- 2 汤匙玉米淀粉
- 黄色食用色素

身体就会加速制造白细胞以抵御病菌。该过程会使黏液变得浓稠并改变其颜色。在锅中加入 2 汤匙的玉米淀粉和 1 滴黄色的食用色素。开火，将锅内溶液煮沸，并不断搅拌，直到混合物变得浓稠。继续尝试玉米淀粉和食用色素的用量比例，直到制作出能让你自豪地挂在嘴唇上的鼻涕。

4. 感觉有点夸张？有点饿了？还是都有点？将你的假鼻涕稍稍放凉，涂在你的鼻子下方一些，或者抹在纸巾上一些，然后去恶心你的亲朋好友吧！

刚刚发生了什么

当你处于健康状态时，你鼻腔中的黏液有着常见的颜色和稠度——略微清澈和稀薄。然而，一旦你感冒了，你的身体里就会聚集数百万的白细胞以对抗感染。所有这些新增的小部队在你的黏液中东奔西跑，从而使黏液变得浓稠。另外，你的白细胞还会释放出五彩缤纷的酶，从而使黏液呈现出黄色或绿色。换句话来说，黏液的颜色和稠度的改变并不是病菌造成的，而是在你体内聚集起来的、保护你免受病菌伤害的白细胞造成的。

球、喉咙、肺部以及腹部等。其他动物也依靠黏液保护自己免受伤害。以下是几个厉害的黏液制造者。

盲鳗　当某个海洋生物死亡时，盲鳗就开始工作了！他们会先钻进死去生物的体内，贪婪地吞食内脏与肌肉，最后破洞而出。这已经够恶心了，然而盲鳗还有另一个令人作呕的绝技，保护自己不被吞食。它们能在一秒内释放出超过1加仑（注：约等于3.79升）的黏液，和我们出汗的方式大致相同。捕食者一旦咬到盲鳗，就可能因为盲鳗释放出的那层厚厚的黏液而窒息身亡。

蛞蝓（kuò yú）　分泌黏液，然后滑

行。得益于黏液，蛞蝓能够沿着剃刀的刀刃滑行而不被割伤。另外，蛞蝓也穿着一件时髦的鼻涕外套，使它们的皮肤保持细腻和湿润。一旦脱水，它们就会面临死亡。

负鼠　这些毛茸茸的小动物最擅长的事就是通过装死来保护自己免受体型比自己大的动物的伤害。它们的装死技能包括口吐白沫以及从肛门的特殊腺体中发射出一团恶臭的绿色黏液——这种黏液闻起来就像是腐肉的味道。

隆头鱼　如果你是一条隆头鱼，你就完全不需要床。昏昏欲睡之时，这些宝蓝色的游泳健将们只需吹出一个柔软而舒适的黏液睡袋，即可开始一个甜蜜的、黏糊糊的美梦了……

眼屎

除了鼻屎以外，许多人还会有眼屎。当你早上起床时，你可能就会在你的眼角发现那些硬硬的堆积物。眼屎的组成成分和鼻屎相同——黏液、灰尘和死皮细胞。请马上将它们弹掉！

既然你已经吃过一份"鼻涕"点心，并成了一位黏液大师，就让我们向鼻孔下方2.5厘米左右的位置看，研究一下口腔。具体来说，我们研究的是口腔作为强大无比的饱嗝广播员的角色。

打嗝

想象一下，一把电锯正在切割树木（102分贝），或者一台割草机正在除草（105分贝）。再想象一下，一辆摩托车在某个红灯处从你的身边呼啸而过（略低于90分贝）。很吵，对不对？现在，女士们和先生们，让我们共同为保罗·胡恩鼓掌。这位英国人打的饱嗝，分贝数超过了上面提到的这些最嘈杂、最响亮的事物——达到了109.9分贝！（注：分贝是指我们测量和比较声音响度的单位。）

此时此刻，你的体内充满了气体。其中一部分气体是在你自己都没有意识到的情况下吞入的空气。如果你吃得或喝得太快，嚼口香糖，或用吸管喝饮料，你就会吞入大量空气。另外，你消化食物时会产生更多的气体。你食入的所有食物都是由肠道中的细菌进行分解的。细菌在帮助你的身体消化食物的过程中，也会制造出一些气体，例如二氧化碳、氮气和甲烷。西蓝花、卷心菜、花椰菜、洋葱、大蒜等蔬菜都是非常厉害的气体制造者，当然，还有豆类。所有这些气体都会在我们的体内聚集起来，但为什么我们没有像一个巨大的游行气球一样不断膨胀直至爆炸呢？那是因为打嗝拯救了我们！打嗝是人体排出多余气体的最佳方式之一。

打嗝是气体通过口腔逃离我们消化道的一个途径。其他的气体排放途径还包括臭气弹，俗称"臭屁"，你应该知道它们的排放出口是什么。

饱嗝的发声原理

如果你提前阅读了"烦人的噪音"那章，你就应该清楚所有的声音都是由振动引起的。那么，当你打嗝时，是什么振动了呢？以下是人们普遍认可的一个关于打嗝的理论。当你的胃履行自己的职责时，即分解你午餐食入的奶酪玉米卷饼和巧克力牛奶时，胃中就会充满气体。直到气体不得不转移到别处之前，气压会持续增大。有时，气体会上升到你的食道。在正常情况下，你的食道呈略微扁平状，随着气体的上升，食管的两侧相互拍打并产生振动，于是，我们熟知的那种"呃—咯—嗝"的响声就出来了。

悄悄打嗝的小窍门

如果你正在参加傲慢的艾瑟尔阿姨的午餐盛宴，突然，你感觉一个饱嗝正在你的体内酝酿，怎么办？告诉你一个小窍门，紧闭你的双唇，然后慢慢地让饱嗝从你的鼻腔排出。如果你让饱嗝从你完全张开的口腔排出的话，声音绝对会放大数

臭烘烘的饱嗝工厂

打嗝听起来非常滑稽，有时闻起来还非常恶心。但是，让我们勇敢面对它，因为它是很难保存的。当你打嗝的时候，你胃部的气体就逃离了。"嗖"的一声——你送给这个世界的礼物就消失在风中了。在本次实验中，你将使用一个气球去捕捉并保存一个人造饱嗝。关于哪种配料制作出来的饱嗝最臭，你的假设是什么？

活动器材

- 一位风趣的成年人
- 气球
- 2升的空瓶子
- 漏斗
- 醋
- 切碎的洋葱、大蒜或橙油
- 小苏打
- 安全防护眼镜
- 大碗或厨房水槽

1. 首先，确保气球口能够紧密地贴合瓶口。然后，将气球从瓶子上取下来。

2. 使用漏斗将四分之一杯的醋倒入瓶子中。瓶子就象征着你的胃。

3. 在瓶子中加入一汤匙切碎的洋葱或大蒜，或者一茶匙的橙油，这样可以让即将制造出来的饱嗝带点别样的风味。先猜猜哪种调料制造出来的饱嗝最难闻，然后再用实验来验证你的假设。

4. 将漏斗冲洗干净，然后用纸巾吸干水分。接着，使用漏斗将一汤匙的小苏打加入到气球中。晃动气球，让小苏打落入气球底部。气球将从你的"胃"中引出饱嗝。

5. 戴上你的防护眼镜。

6. 将瓶子置于水槽或一个大大的搅拌碗中。这样可以防止液体溅出，把房间搞得一团糟。

7. 将气球口套在瓶口上，小心不要让小苏打落入瓶子中。

内含小苏打！

8. 提起并晃动气球，让小苏打落入瓶里，然后松开气球。

9. 随后瓶子会对着气球"打嗝"，仔细观察气球充气的过程。

10. 小心地取下膨胀的气球，如果你有足够的勇气，可以闻闻这个味道。

刚刚发生了什么

把小苏打和醋混合在一起，就制造出了二氧化碳气体。二氧化碳气体增高了瓶内的气压，因此二氧化碳冲出了瓶子进入了气球。随着气球中二氧化碳气体逐渐增多，气球内增高的气压使气球膨胀了起来。于是，瓶子的"饱嗝"就这样被"捕获"了！你的体内也发生着类似的反应。食物的消化会释放出二氧化碳气体，其中的一部分在你体内上升，然后以打嗝的方式释放出来！

53

呃—咯—嗝

倍。万一你真的在艾瑟尔阿姨的餐桌上打了个饱嗝，你可以马上说："不好意思，在某些文化中，打嗝是表示对美味大餐的欣赏。"

哗—呃！全世界最厉害的打嗝者

啊哈，是奶牛。你是不是超级喜欢观察它们大口咀嚼青草的样子呢？但是，千万不要靠得太近！牛是臭名昭著的饱嗝制造者。而且，它们每打一次饱嗝，就会向大气中排放大量的甲烷气体。

你是一个聪明的孩子，应该听说过温室气体吧！它们在地球周围形成了一层厚厚的气体，吸收了大量的热量，从而融化了冰山。这绝不是一件好事，地球最不需要的就是温室气体了。但是，那些奶牛正在排放的就是温室气体。一头奶牛平均每天能够排放出250升到300升的甲烷。大约是130瓶2升装的苏打水（即大瓶装的苏打水）摆在一起的分量。接下来，用它乘以地球上所有奶牛的总数，这就是奶牛排放到空气中的饱嗝总量。真是让人倒吸一口冷气！

阿根廷号称"奶牛王国"，全国大约有

如何像卡车司机一样打饱嗝

1. 走进厨房，迅速地大吃一顿。目标是在吃进食物的同时吸入大量的空气……但是，注意不要被噎住了！

2. 大口大口地饮入苏打水或者其他气泡饮料。带气泡的饮料会在你的胃中释放出大量的二氧化碳。用吸管小口地啜饮苏打水也是一个很好的选择，这样一来，气体就不会跑到空气中去了。如果你能够将整罐或者整瓶苏打水一饮而尽，就再好不过了。这样，你一定能够打出大大的饱嗝。

3. 吃完后，立马进行跳跃运动。跳跃可以搅动你胃中的空气，同时，还可以使你饮入的苏打水大量起泡并释放出二氧化碳

气体。但是，也别做一个傻瓜——如果你想吐了或者肚子不舒服了，请立即停止！虽然打出一个优质的带果汁味的饱嗝很酷，但是吐脏鞋子就不好玩了。

4. 打出饱嗝了吗？向后仰你的头部，然后张开你的嘴。这样做的话，饱嗝的音质会更好！现在，用力向外凸出你的腹肌，这样会使你看起来像一个圣诞老人，同时也可以帮助你排出胃里多余的空气。

5. 不想吃东西，也不想喝饮料吗？你仍然可以打出一个响亮的饱嗝。先吸入满口的空气，让空气在你的胃里转一圈再出来。

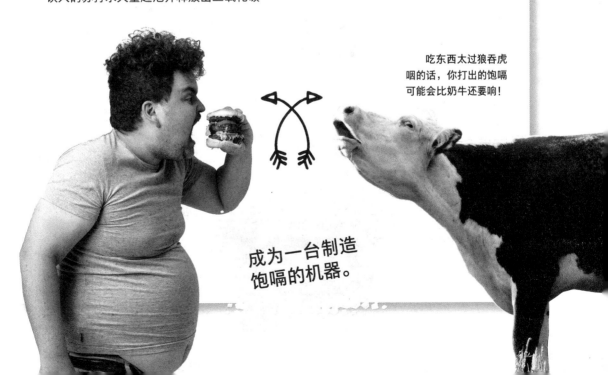

吃东西太过狼吞虎咽的话，你打出的饱嗝可能会比奶牛还要响！

成为一台制造饱嗝的机器。

加1个小时的等待时间

瓶装饱嗝乐队

这个乐队的规模可能不如碧昂斯或甲壳虫乐队。但是，这个饱嗝摇滚乐队将会帮助你更深入地了解打嗝的工作原理。

1. 用马克笔在每个瓶子的瓶身上画一双眼睛和一个鼻子，用瓶口充当它们的嘴巴。

2. 将无盖的瓶子放入冰箱的冷冻室，然后等待一个小时。

3. 在从冷冻室取出瓶子之前，取一只碗，倒入少量的水，能够打湿硬币即可，然后将三枚硬币置于碗中。

4. 将瓶子从冷冻室内取出，然后迅速地在每个瓶口放上一枚硬币。硬币将充当瓶口的"嘴唇"。

活动器材

- 马克笔
- 3 个洗净的塑料瓶（相似或不同大小的都可以）
- 可以放下 3 个瓶子的冰箱冷冻室
- 3 枚硬币
- 一碗水

5. 耐心等待你的乐队稍稍变暖。几秒钟后（时间取决于你家厨房的温度和瓶子的大小），瓶子们就会开始打饱嗝，瓶口上方的硬币会不断发出"咔嗒咔嗒"的声音。

6. 每个瓶子应该都会制造出几个优雅的饱嗝。饱嗝可能会使硬币偏离中心位置，打破密封。你可以小心地将移动的硬币复位，形成一个新的密封，从而多欣赏几段饱嗝摇滚。

刚刚发生了什么

空气是由多种气体组成的，例如，氮气、氧气和二氧化氮。当瓶子被置于冷冻室时，瓶子中的空气会变冷。但是，一旦瓶子置于常温下，其中的空气就会重新变暖。当空气变暖，体积就会变大，于是就需要更大的空间。它们需要放松一下——就像你和你的伙伴们放学后需要放松一下一样。因此，空气努力想要逃离瓶子，但是硬币困住了它们。硬币上的水起到了很好的密封作用，将空气完全困在了瓶子里。（水的这种"黏性"叫作"附着力"。正因为水具有附着力，才能够使水滴附着在窗户上。）

随着瓶内空气的持续升温，气压也随之增强，最终空气战胜了水的附着力和硬币的重量，打破密封，推开了硬币。你的瓶子成功地打出了饱嗝，一位摇滚明星就此诞生！

如果你在美国新墨西哥州的阿尔伯克基上学，请千万注意了，那儿的一个七年级学生就被当地警方扣上手铐并送进了少年管教所，就因为他在一次体育课上故意打了一个很响的饱嗝，干扰了课堂秩序。此事受到了新闻媒体的大肆报道，然后导致了一起重大诉讼。虽然，这项针对13岁男孩的指控最终被撤销了，但是，仅仅因为打了个饱嗝就被戴上手铐带走，也许，你最好还是要做个讲文明的孩子。

5100万头奶牛，而大约30%的温室气体都是由那些奶牛通过打嗝造成的。

因此，阿根廷国家农业技术研究所的科学家们制订了一项计划，他们正致力于研究如何在饱嗝排放到空气中之前就将其捕捉。他们在奶牛的身上背上一个超棒的背包，里面装的阀门和泵通过一根管道吸取奶牛胃中消化食物产生的气体，然后释放到一个固定的袋子中。真是令人叹为观止啊！

说到监狱——让我们马上揭秘一下解开未解之谜的必要条件吧！恶棍们正等着你去将他们绳之以法呢！

犯罪

遗留在犯罪现场的指纹？真是老掉牙了！以后，破案专家们可能可以通过追踪遗留在犯罪现场的独特细菌、真菌和病毒来缉拿犯人。原来，每个人身上都有一个特定的微生物群。（想象一下，一大群隐形的微生物爬满我们的全身。）伴随着我们的每一次呼吸和每一次蜕皮，细菌都会逃离我们的身体。甚至连肠道细菌都在努力逃离我们的肠道！"犯罪嫌疑人"的证据真的就在空中以及我们去过的地方盘旋着。我们周围的特定微生物组是一个新的发现。因此，将其真正运用到犯罪分子的抓捕中可能还需时日。幸运的是，我们还有很多别的抓捕坏人的方法。

怎么样才能抓到犯人呢？除非你在犯罪现场目击了犯罪嫌疑人，否则你就很可能需要借助一些出色的现场勘察技巧来帮助你破案。犯罪现场的勘察主要依靠的是极具魅力的法医学知识。

> **法医学** 一种运用科学手段侦查犯罪的方式。法医学家们会使用化学、生物学、物理学、统计学和药理学等科学手段查明"犯罪嫌疑人"。

任何事物都可能是线索。那是一滴溅出的血，还是从某人的干酪汉堡包中溢出

的番茄酱？如果结果证明那确实是某人的体液，那么，勘察犯罪现场发现的证据（例如那滴红色的飞溅物）就是抓捕犯人的最佳方法之一。另一个方法是，仔细研究犯罪现场的物件，例如沾有奇怪污渍的地毯。犯罪现场周围的环境也可能隐藏着大量的线索。一个脚印、轮胎压痕或者被践踏过的花坛都能够透露出犯人在实施完卑鄙行为后去了哪儿。甚至还可以通过肉食性昆虫的存在来明确受害人的死亡时间以帮助破案。

事实上，实施犯罪而不留下任何证据几乎是不可能的。罪犯们可能认为自己已经提前考虑到了所有的一切，但是，抓到他们需要的仅仅是某个被他们忽视的极小的细节——一滴汗、一根头发、一片指甲。另外，他们也可能在犯罪现场留下一份签了名的忏悔书。

当一位犯罪现场勘查高手在追捕某个罪犯时，他拥有的最厉害的工具是什么呢？不是一台电脑，也不是一台昂贵的显微镜，而是某种超级小的物质。它不需要花钱，也绝不会撒谎，它叫作"DNA"（"脱氧核糖核酸"的缩写）。现在，让我们尝试一口气读完这个词！跟我读：dee-ox-ee-rye-bow-new-clay-ick acid（注：脱氧核糖核酸的英文是deoxyribonucleic acid）。

DNA 决定了你之所以是你——决定了你的棕色眼珠、雀斑或卷发。某人长得非常高，或某人拥有洪亮的嗓音，这些也都是由 DNA 决定的。DNA 是构建人体的"蓝图"。除非你有一个同卵双胞胎的兄弟或姐妹，否则，任何人都不会拥有和你相同的"蓝图"。你的每一根头发、每一滴血、每一口唾液或每一块皮屑中都包含了你独一无二的 DNA 编码。

同卵双胞胎，相同的衣服，相同的头发和相同的DNA。

59

搭建一个DNA模型

DNA 听起来非常的复杂，但是它其实真的只是由几种基本元素组成的聚合物。你的DNA是软软的，所以，让我们一起来搭建一个有点软的DNA模型吧！

活动器材

- 6 种不同颜色的可塑黏土
- 塑料刀
- 切割板
- 用来搭建 DNA 长链的平面
- 用完的卷筒纸芯
- 剪刀

1. DNA 看起来像是一把扭曲的梯子。梯子的两侧由两部分交替组成。其中一部分是脱氧核糖（DNA 中的 D 指的就是脱氧核糖），另一部分是磷酸基。我们选择用两种不同颜色的黏土分别代表这两个部分，然后将其揉成两条细细的"小蛇"。将其中一条"蛇"切成10段，每段长约 2.5 厘米，代表脱氧核糖；再将另一条"蛇"切成 8 段，每段约 1.25 厘米，代表磷酸基。

2. 现在，将两种颜色的小段交叉黏合，形成两个长条。将这两个长条放在一个平面上，中间间隔5厘米。

3. 另取 4 种颜色代表梯子的横杆。在 DNA 中，这些横杆叫作"核苷酸"（DNA 中的 N 指的就是核苷酸）。核苷酸主要有四种：腺嘌呤、胸腺嘧啶、胞嘧啶和鸟嘌呤（A、T、

C 和 G）。揉出 4 条 15 到 20 厘米长的"蛇"，每种颜色各一条，然后将它们分别切成 2.5 厘米长的小段。

4. 每一层的横杆均由两种"核苷酸"黏合而成。我们需要将它们与阶梯两侧的"脱氧核糖"黏合起来。核苷酸有固定的结对方式，腺嘌呤只和胸腺嘧啶手拉手；而胞嘧啶只和鸟嘌呤结对。查看右图，你可以了解得更多。同时，你也可以组建一个不同的模式，只要不违反 A-T 和 C-G 的结对规则即可。（T-A 或 G-C 也是可以的。）

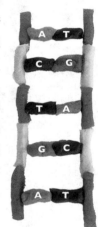

5. 你搭建的模型是一个平面的阶梯。它可以帮助你了解 DNA 的组成部分和它们的代码。但实际上，DNA 看上去就像一把扭曲的梯子，这个结构被称为"双螺旋结构"。该结构可以帮助 DNA 更好地贴合人体的每一个小细胞。为了更清楚地了解双螺旋结构，请取一个用完的卷筒纸和一把剪刀，从卷筒的底部开始，沿着卷筒的螺旋缝往上剪，一直剪到卷筒的顶部。

现在，单螺旋就制作完成了。为了制作出双螺旋，请再次从底部开始，一直剪至顶部。现在，你手中的就是双螺旋结构的 DNA 了，或者叫作"糖-磷酸主链"。如果你是一位真正的科学迷，你可以将多条彩色胶带置于双螺旋结构之间，代表核苷酸。

课外活动

DNA侦探

是时候开始工作了！你正在调查"被偷走的奥利奥"一案。一整罐的饼干和1升的牛奶不翼而飞。那么，是谁偷的呢？我们发现了两个嫌疑人——多莉和波莉，有人看见她们鬼鬼祟祟地出现在被偷走的饼干和牛奶附近。多莉声称她看见波莉的脸上残留有饼干屑和牛奶的印迹。

幸运的是，你发现了一个线索！喝光的牛奶瓶上残留了一根头发。但是，两个女孩头发的颜色和长度都差不多。于是，你无法仅通过外观判断出谁是罪犯。回到罪证化验室，你的犯罪现场勘查小组对那根头发进行了分析，并制作出了 DNA 图：

CG-TA-GC-AT-CG

现在，我们请每位嫌疑人各提供一根头发，然后快速回到实验室进行分析比对。

波莉的 DNA 图：　　　多莉的 DNA 图：

谁偷走了饼干罐里的饼干？

多莉头发的 DNA 与犯罪现场发现的头发的 DNA 是匹配的。所以，我们要找的犯人是多莉！

刚刚发生了什么

我的超级大侦探，这就是利用 DNA 抓捕犯人或证明无辜者清白的方法。在本案中，波莉就是那个无辜者，DNA 表明了一切真相。没有人愿意因为一个没有犯下的罪行在监狱里度过一生，或是因为撒谎被禁足两个星期！

你可以把DNA想象成一个妙趣横生的故事。但是，这个故事是用化学分子式书写的，而不是文字。历史上曾经出现过拥有几乎一模一样指纹的人。但是，由于DNA的结构极其复杂，因此，每个人都拥有独一无二的DNA（同卵双胞胎可能例外，他们的DNA相似度非常高）。破案专家们非常喜爱DNA，因为DNA可以帮助他们准确地识别犯罪嫌疑人。

DNA 的基本知识

在脑海中构造一把扭曲状的梯子。它的两侧应该各有一根木棍或金属棒，以及供大家爬梯的横杆。现在，不断缩小该梯子，直至一个难以置信的微小尺寸。这把微型梯子不是木制或金属制的，而是由分子制成的。梯子的两侧由某种叫作"脱氧核糖"的糖类和某种叫作"磷酸盐"的物质交替堆叠而成。横杆由叫作"核苷酸"或"碱基"的成对化学物质组成：腺嘌呤、胸腺嘧啶、胞嘧啶和鸟嘌呤。孩子们，这就是DNA的所有组成单位。

你有最好的朋友吗？一个与之共度所有时光的人？在DNA的国度，腺嘌呤就只和胸腺嘧啶一起玩耍，它绝不会和胞嘧啶或鸟嘌呤待在一起。胞嘧啶和鸟嘌呤也

是如此。胞嘧啶绝对不会和胸腺嘧啶一起玩耍。因此，你梯子的横杆要么由腺嘌呤（A）和胸腺嘧啶（T）组合而成，要么由鸟嘌呤（G）和胞嘧啶（C）组合而成——A-T 和 C-G。氢键负责维系碱基对，有点像胶水。

DNA究竟有多了不起（和微小）呢？如果你能够通过某种方式将某个细胞内的每段DNA首尾相连，然后测量其长度，那么，你体内的每个小细胞所含的DNA将达到大约30厘米。现在，你体内大约包含37.2万亿个细胞。如果你将体内所有的DNA首尾相连并一字排开，其长度将能够延伸至160000亿到320000亿米。鉴于地球到太阳的距离是1500亿米，你DNA的总长度将能够在地球和太阳之间往返60至120次！但是，这样长的DNA又是如何全部塞进微小的细胞中的呢？请一位朋友握住一根30厘米长的细线或丝带的一头。从线的一头开始慢慢缠绕，绕成一个小线圈，然后继续缠绕，直至绕成一个小小的线球。你的DNA就像线圈一样被卷成螺旋形，这样大量的DNA才能装进微小的细胞核中。科学家们将DNA的扭曲形状称为"双螺旋结构"。

加上一整晚浸泡扁豆的时间

DNA盗窃大案

DNA 是最受大自然保护的珍宝之一。动植物将它们的 DNA 妥善地保存在一个叫作"细胞核"的小"麻袋"中。假如你想要进入细胞核并揭秘 DNA，那该怎么做呢？我们正在谈论的是如何将 DNA 与有机体分离开来，让你能够真正地看见并触摸到 DNA！继续往下读，探索一下如何在不离开厨房的情况下成为一名 DNA 科学家兼侦探。

活动器材

- 一位成年人
- 大半杯干扁豆
- 碗
- 水
- 盐
- 搅拌机
- 滤网
- 2 个口径窄小的玻璃杯或试管
- 肥皂水
- 勺子
- 嫩肉粉（或者隐形眼镜护理液搭配酶去污剂）
- 异丙醇（医用酒精）

1. 将扁豆置于装了水的碗中，浸泡一晚，使其变软。

2. 将 1/2 杯的扁豆、一杯冷水和少许盐加入搅拌机中，搅拌 30 秒。

3. 将扁豆泥静置 5 分钟，使大块的扁豆泥沉到搅拌机的底部。

4. 取一个小玻璃杯，杯口放上滤网，然后将搅拌机中的"扁豆汁"经由滤网倒入玻璃杯中大约半杯。如果不小心将少量块状扁豆泥倒进了玻璃杯也没关系，但是，你主要需要的还是液态的扁豆汁，所以请丢掉大块的扁豆泥。

5. 测量一下你得到的扁豆汁的总量，用该总量除以 6，然后在扁豆汁中加入其 1/6 总量的肥皂水（即如果你有一杯扁豆汁，那么，请加入 1/6 杯肥皂水）。然后取一个勺子，将混合后的扁豆汁和肥皂水轻轻搅拌几秒钟。

6. 将你的肥皂扁豆混合汁倒入一个口径窄小的玻璃杯或试管中大约半杯，然后将其静置 10 分钟。

7. 加入少许嫩肉粉（或 2 滴隐形眼镜护理液）。用手紧紧盖住玻璃杯或试管，将其倒置以使杯内的物质更好地混合在一起，然后将杯口恢复朝上。

8. 准备好见证奇迹了吗? 将你的成人助手叫过来，请他缓缓向杯中倒入异丙醇，直至玻璃杯的 3/4 处。在倒入的一瞬间，你将看见白色的纤细的 DNA 链慢慢向上漂浮。请多点耐心。在接下来的几个小时里，DNA 链将形成 DNA 束。随着越来越多的 DNA 链从剩下的溶液中分离出来，DNA 束会变得越来越明显。

刚刚发生了什么?

扁豆汁和肥皂水混合后，DNA 与细胞内的其他物质纠缠在了一起，其中包括各种各样的蛋白质。嫩肉粉和隐形眼镜护理液中叫作"酶"的特殊化学物质移除了 DNA 周围的所有蛋白质。扁豆中的蛋白质和脂肪喜欢在水中闲逛，而 DNA 则喜欢异丙醇。因为异丙醇的密度低于水，所以它会浮在杯子的上部，而 DNA 也上浮至异丙醇中。

如果你没能看见著名的 DNA 双螺旋结构，也不要太失望。你眼前的是无数黏合在一起的 DNA 分子。另外，单一的 DNA 链实在是太细太细了，以至于肉眼（甚至超高倍显微镜）根本无法看见。DNA 结构的发现者（詹姆斯·沃森、弗朗西斯·克里克、莫里斯·威尔金斯和罗莎琳·富兰克林）利用 X 射线进行衍射分析，然后运用数学公式算出了分子散射在 X 射线上的模式。在没有一张真实照片的情况下，他们居然算出了该模式，真是太了不起了! 最近，电子显微镜成功捕捉到了大束的 DNA 链图像，但是，它们仍然是相当模糊的。

既然你已经知道如何找到 DNA 了，那么，请尝试用其他食物进行实验吧：菠菜、胡萝卜、干的豌豆瓣、鸡块、葵花籽甚至熏肉。（一般来说，含水量低的食物的实验效果会更佳。）凡是有过生命的事物都有 DNA，现在，你也知道如何找到 DNA 了，法医和科学家们也是使用类似的办法来分离犯罪现场发现的 DNA。

20 分钟

火烈鸟失踪案

有人偷走了你最喜爱的草坪装饰物——一个粉红色的塑料火烈鸟——并留下了一封勒索信，要求你支付100万美元的赎金赎回你的火烈鸟。你发现了三个犯罪嫌疑人——他们三个近期都在你家前院的草坪上出现过：园丁亚当、送报员芭拉以及邻居塞尔达。勒索信是用黑色马克笔写的。每位嫌疑人都有一支不同类型的黑色马克笔。我们将使用法医色谱分析法（一种用来分离化学制品混合物的实验技术）来找出"罪犯"！

1. 请你的一位朋友（假装犯人）用其中一支笔在一张咖啡滤纸上写一封勒索信。请你的朋友不要告诉你他使用的是哪一支笔。

活动器材

- 3 支不同的黑色马克笔或签字笔
- 可以考虑使用一支黑色永久性马克笔和两支不同品牌的常规（或"水溶性"）黑色马克笔。你也可以尝试在学校或父母办公室中经常使用到的干擦或湿擦马克笔
- 一位（或三位）朋友
- 咖啡滤纸（你也可以使用纸巾，但纸巾的实验效果远远不如咖啡滤纸）
- 剪刀
- 标尺
- 4 段约 2.5 厘米长的胶带
- 4 个玻璃杯
- 水

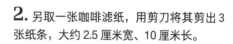

想要回你的火烈鸟，马上交出100万美元的赎金!

2. 另取一张咖啡滤纸，用剪刀将其剪出 3 张纸条，大约 2.5 厘米宽、10 厘米长。

3. 取其中一张咖啡滤纸条，使用你在第一个嫌疑人（亚当）身上找到的笔，在

这张咖啡滤纸条上距离其底部约 2.5 厘米的位置画出一条与底部平行的黑线，并在纸条顶部写上"亚当"的名字，并将纸条的顶部粘在这支马克笔上，然后将纸条悬挂在一个空玻璃杯内。请确保画黑线的那端是在玻璃杯底部。取另外两支马克笔和两张纸条，重复上述步骤，然后分别标上"芭芭拉"和"塞尔达"。

4. 在勒索信上剪下一张细细的纸条，大约 2.5 厘米宽，10 厘米长，将其粘在剪刀上，然后将它悬挂在第四个空玻璃杯内。

5. 在每个玻璃杯中倒入一点水，使每张纸条的底部略微能沾到水，黑色线条部分不能浸没在水中。倒水时请取出纸条，以免纸条被溅湿。

6. 等待大约五分钟。在这段时间内，每条黑线都会扩散开来，然后形成一个独一无二的图案。比较勒索信上的图案和另外三张纸条上的图案，你就应该能够辨认出这封勒索信到底是用哪支马克笔写的了。

注意： 由于有些墨水不溶于水，所以这个方法并不适用于所有墨水。如果纸条上的墨水不扩散，那就请一位成年人帮你倒入一些医用酒精或指甲油清洗剂。比起水来，这些化学物质具有更强的分解能力。

刚刚发生了什么 ？

水是具有黏性的化学物质。它具有彼此黏附的能力——"内聚力"。同时，水还具有黏附其他物质的能力——"黏附力"。在一些情况下，内聚力和黏附力的合力甚至能够克服重力，这也是水分子能够沿着纸条向上扩散的原因。玻璃杯中的水分子被已经渗透进纸条的水分子吸引（内聚力），而已经渗透进纸条的水分子又被上方的干纸吸引（黏附力）。

大多数的黑色马克笔都含有不同种类的颜料或染料。一些可溶于水的颜料会慢慢爬上纸条，而不溶于水的颜料就会一直留在原地。不同颜色的可溶性颜料能够轻松地沿着纸条，爬到不同的高度。

我们终于揭穿了这次的勒索阴谋。粉红火烈鸟今晚终于能够"睡个好觉"了。科学再次战胜了邪恶！

30-60
分钟

致命粉尘案

现在，假设你是一名犯罪现场调查员，刚刚到达了一个犯罪现场。你在餐厅的餐桌上发现了某种奇怪的物质。是违禁药物吗？还是只是某人在自己的肩上撒盐以祈求好运？如何查明真相呢？让化学实验来帮助你吧！

活动器材

- 一支白色粉笔或白色蜡笔
- 一位成人助手
- 2 张黑纸，每张剪成 6 个小正方形
- 量勺
- 盐
- 白糖
- 小苏打
- 发酵粉
- 玉米淀粉（你可能也想搜集一些其他家长允许使用的白色粉末，例如马铃薯淀粉）
- 纸巾
- 放大镜

- 一两根牙签
- 笔记本
- 醋
- 水
- 碘酒
- 滴管
- 9 个（或更多）小的透明塑料杯（纸杯或容器也可以）
- 用来标示杯子的永久性马克笔（你也可以将标示写在纸胶带上，然后贴到杯子上）
- 如果你是夏洛克·福尔摩斯，还需要一个扮演华生的人（一个打击犯罪的好搭档）

1. 取一支白色粉笔或白色蜡笔，在每张黑纸的底部写下你准备测试的物质（盐、白糖、小苏打、发酵粉、玉米淀粉以及其他任何你准备测试的物质）的名称。

2. 每种物质各取 1/4 勺，然后将其撒在对应的黑纸上。每取完一种物质，记得用纸巾将量勺擦拭干净，从而保证下一种物质不会被上一种物质污染，以致实验结果混乱。

3. 用你的放大镜仔细研究每种物质。取一根牙签，将每种物质分成单独的小颗粒。记录每种颗粒的形状。大的还是小的？光滑的还是粗糙的？在笔记本上大致

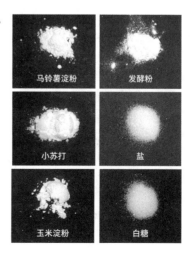

马铃薯淀粉　发酵粉

小苏打　盐

玉米淀粉　白糖

记录下你的调查结果，先将每种物质单列一行，再绘制一个名为"外观"的纵列。

4. 现在，用你的拇指和食指摩擦每种物质的颗粒。再绘制一个名为"触感"的纵列，在对应的位置记录下每种物质的触感。

5. 该闻一闻了！用你的大鼻子靠近每种物质闻一闻。但是，不要吸入任何物质！你可以学习一下化学家们的做法——"用手轻挥"，也就是用手在物质上方轻轻拂动，从而闻出物质的味道。这些物质有独特的味道吗？将你的调查结果记录在一个名为"嗅觉"的纵列中。

6. 取三个塑料杯。分别在上面标上"醋""水"和"碘酒"。取1/4杯的醋，将其倒入标有"醋"的塑料杯中。将1/4杯的水倒入标有"水"的塑料杯中，并将等量的水倒入标有碘酒的塑料杯中（暂时不要倒入碘酒）。

7. 为每种你想要测试的物质准备一个塑料杯。在每个杯子上标示出你准备放入的物质的名称——"盐""白糖""小苏打""发酵粉""玉米淀粉"，以及其他任何你准备测试的物质的名称。

8. 每种物质各取1/2茶匙，然后将其倒入标有各自名称的塑料杯中。轻轻晃动杯子，或用杯子轻敲餐桌，使物质在杯子底部分散开来。

9. 将每个杯子底部的物质都分成三个区域。接下来，你需要第一个区域滴水，第二个区域滴醋，而第三个区域滴碘酒。

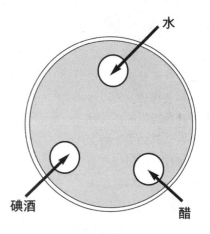

10. 将你的滴管置于标有"水"的杯子中，轻捏滴管的橡胶部分（即胶帽），然后松手，将滴管提出来。现在，滴管内应该吸入了一些水。手握滴管，置于标有"盐"的杯子的正上方，然后轻捏胶帽，挤出一滴水。

11. 一边滴水，一边仔细观察。颗粒溶解了吗？出现咝咝声了吗？颜色变化了吗？在每种物质中各加入一滴水，仔细观察，然后将你的调查结果记录在另一个名为"水反应"的纵列中。

12. 将滴管中剩下的水全部挤到水槽中。现在，取出标有"醋"的塑料杯，然后在每个装有物质的杯子中滴入一滴醋（不要滴在你滴水的地方）。在标有"醋反应"

的纵列记录下各物质发生的反应。

13. 用水将你的滴管冲洗干净。

14. 请一位成年人帮助你完成这一步骤：找到那个标有"碘酒"的杯子（杯内应该已经有1/4杯的水了）。加入10滴碘酒。（请格外小心此物！它很容易产生污渍！）你刚刚已经制作了一杯稀释溶液。（你的碘酒瓶可能配备有滴管，也可能没有。如果没有，你就可以使用自己的滴管来转移那10滴碘酒。）如果你手上不小心沾到了碘酒，请立刻将手洗净。

15. 用你的滴管在每个装有物质的杯子中加入一滴稀释的碘酒。发生了什么？有些物质是不是发生了不一样的反应？在标有"碘酒反应"的纵列记录下各物质发生的反应。

16. 用水将你的滴管冲洗干净。将碘酒杯置于安全的位置，以防止被不小心弄翻。

17. 你刚刚已经亲手制作完成了一张很棒的关于这些物质的观察表了。现在，你就可以运用这张表来判断某种未知的物质了。

18. 闭上你的眼睛。（不准偷看！）请与你的搭档一起在一张黑纸上撒上一茶匙的某种白色物质。然后，睁开你的眼睛，看你是否可以准确判断出这是哪种物质。运用你上面用过的每项技术来检测该物质，并与你的笔记进行对比。如果未知物质和你检测过的某种物质具有相同的反应，你就可以准确判断出该物质是什么了。和你的搭档来轮流挑战对方吧！

19. 完成上述所有实验后，请在水槽中将所有器材冲洗干净，注意不要溅出碘酒。不要再使用这些杯子盛食物，以防杯子中有残留的碘酒。你可以将杯子留着进行以后的实验。

刚刚发生了什么

不同的化学物质之间发生的化学反应会有不同的结果。例如，白糖和盐易溶于水，但小苏打和发酵粉不能。当我们将碘酒滴在玉米淀粉上后，碘酒会变成亮紫色。但是，当我们将碘酒滴在小苏打上后，碘酒依然呈浅棕色。有时，当你将两种物质混合在一起时，会发生某种化学反应；但有时，有些化学物质仍然会维持原状，不会发生相互反应。神奇的颜色变化表明了某种化学反应的发生——某种全新物质的诞生！当小苏打和碘酒混合在一起时，不会发生任何反应。但是，当小苏打和醋混合在一起时，它们就会发生某种化学反应——制造出二氧化碳气体。（注意：有些粉末是多种化学物质的混合物。例如，发酵粉实际上是塔塔粉、小苏打和玉米淀粉的混合物。当多种粉末混合在一起时，你之前得到的它们的化学反应结果还依然成立吗？）

你记录了一整套的化学反应结果并制造了一套"反应标准"，这些也正是化学家或法医专家会做的事情。通过对比这套标准，你就能够准确地判断出某种未知物质。这真是一次了不起的关于物质的超级大侦查！

超级侦探

你应该听说过夏洛克·福尔摩斯吧——就是那个戴着傻傻的帽子、穿着奇怪的斗篷外套、嘴巴里叼着烟斗的大侦探。

福尔摩斯对科学的力量深信不疑，是一位演绎大师。虽然他只是作家阿瑟·柯南·道尔爵士创造出来的一个虚假角色，但是，他激励了很多人成为破案专家。因此，让我们向夏洛克和他了不起的好搭档华生博士致敬，感谢他们让逮捕罪犯变得如此酷炫。

寻罪犯留下的任何物证：打破窗户的石头、柜台上的指纹、商店外灰尘中的脚印、甚至是残留在柜台里、原本项链陈列位置的一根头发。

你要根据你发现的所有事物的地点做一份超级详细的笔记。这份工作最难的部分在于你必须清楚自己在找什么，并锲而不舍地进行搜寻。有时，你要找的证据可能像卡车一样大；

加入破案小分队吧！

你不可能一个人单枪匹马地赢得足球赛。同样，破案也需要一个小分队。但是，你想要担任哪个角色呢？下面，我们就介绍一下破案小分队中形形色色的犯罪鉴证科的专家们。

1. 成为一名刑事专家

当地出现了一位珠宝大盗。珠宝店的一扇窗户被打碎了，一盘金项链丢失了。这时就需要呼叫刑事专家来帮忙了。你需要有一个科学背景——特别是化学、生物学和法医学的背景——才能胜任这份工作。你将前往犯罪现场，搜

鉴证科

公安局

3. 成为一名鉴证科实验室分析员

比起搜集证据，你更喜欢分析证据是吗？那么，成为一名鉴证科实验室分析员吧！你的工作就是操作各种各样了不起的机器，判断出血型，解码DNA并研究神秘的纤维、液体和粉末。所有这些证据都可能将你引向那些罪犯们。所以，孩子们，在化学课上一定要认真听讲，因为这份工作每时每刻都涉及了各种各样的化学知识。

4. 成为一名鉴证科昆虫学家

你知道昆虫可以帮助破案吗？如果你认为警察是第一个抵达谋杀现场的，那你

而有时，你要找的证据也可能是一根小小的地毯毛线。你需要将找到的所有的证据带回实验室，然后推断出这些证据背后的意义。

2. 成为一位验尸员

如果你拥有一个非常强健的胃，并认为切开人类的胸腔是一件很有吸引力的事，这份工作可能就非常适合你了。事实证明，尸体会说出真相。因此，如果某人死得很可疑，就需要验尸员对尸体进行解剖。通过尸体解剖——一次对人体内外的仔细探究，我们能够发现大量事实真相。

鉴证科昆虫学家利用昆虫（包括苍蝇和幼虫）搜集犯罪现场的信息。

就错了。通常，苍蝇们才是最先抵达的。饥肠辘辘的绿头苍蝇能够闻到远在1600多米以外的尸体的味道，尸体永远是它们最爱的美食之一。通过尸体因昆虫而感染的细菌多少，昆虫学家们通常能够计算出死亡的时间以及尸体是否被移动过。另外，我们还能借助昆虫判断出受害者生前是否服用过毒药或违禁药品。

5. 成为一名鉴证科数字专家

你拥有出神入化的计算机技能吗？如果有，那么鉴证科数字专家可能是为你量身打造的职业！从被处理过的照片，到伪造的邮件，再到被拖进"回收站"的文件，一位数字专家可以仅凭一个键盘和一个鼠标就侦破各种各样的犯罪活动。

6. 成为一名鉴证科工程师

你在孩童时代就曾经拆开过烤箱吗？当你看见一把螺丝刀时，就会扑通扑通地心跳吗？如果是，那么鉴证科工程师可能就是一份非常适合你的工作了。当一座大桥倒塌、一架飞机脱离跑道或两辆汽车在十字路口发生碰撞时，我们就要请来这些工程师了。他们会研究事故的残骸并推断出事情发生的原因和过程。是因为零部件有缺陷了？是因为恶劣的天气？还是有人超速行驶了？鉴证科的工程奇才们会帮我们找到答案。

7. 成为一名鉴证科牙医

每个人都拥有独一无二的咬痕，我们中的大多数也都拍过牙齿的X射线。当身份不明的人类遗骸浮出水面时，我们就要请鉴证科牙齿专家们来研究尸体上的牙齿并帮助确认死者的身份。虽然听起来有点令人毛骨悚然，但是，当我们对受害者的身份一无所知时，这是相当必要的。

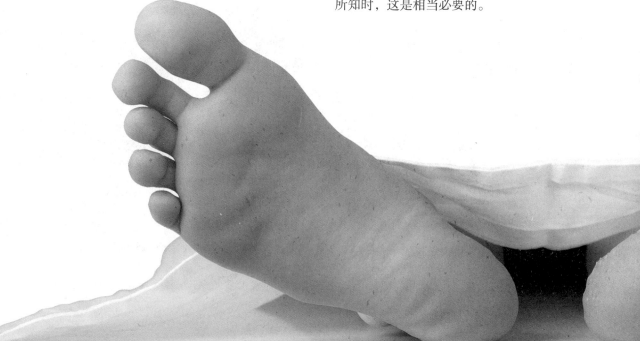

8. 成为一名犯罪侧

写师 虽然我们无法真的爬进罪犯的脑袋中，但是我们可以学着了解他们的思维模式。如果你想要了解罪犯的行为模式以及他们产生某种行为的原因，那么你应该去学习心理学——人脑的工作原理。掌握了这个知识，你就能够研究某个犯罪现场，并说："罪犯很明显是一个胖胖的、有点神经质的，而且爱吃比萨的棒球迷！"

历史上最早的破案故事之一发生在13世纪的中国。一位村民被罪犯用一把镰刀

（一种用来收割庄稼的弯刀）杀死了，该村的一名衙役想到了一个好主意，他命令该村所有拥有镰刀的村民将他们的镰刀带到镇中心。他知道某些昆虫容易被血液的味道吸引，虽然凶器早已被擦拭干净，但是上面仍会残留血液的气味。衙役收集了所有的镰刀，并将镰刀连同它们的主人排在一起。然后，就发现了罪犯。

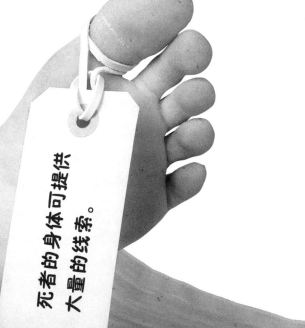

死者的身体可提供大量的线索。

说到泥土，那就让我们来一起揭晓泥土，这也是我们下一章的主要内容。

73

泥土

你有没有见过斑马妈妈走到它的孩子跟前，然后说"请立刻去洗澡，你闻起来臭死了"？你有没有见过鸡妈妈眯着眼睛，审视它的小鸡宝宝，皱着眉说"你的翅膀洗干净了吗？马上回到水槽中，这次一定要用肥皂"？你从来都没有见过，对吗？事实是，某些物种是用泥土来维持身体洁净的！

走进你的浴室，看一下你的浴缸和洗手池边有多少清洁用品——肥皂、沐浴露、洗发水、护发素、除臭剂和抗菌洗手液等。我们人类总是痴迷于让自己保持极度的洁净。但是，我们真的需要那些清洁用品才能让自己闻起来没有异味并保持健康吗？

证据展示：大象

显然，你会说，大象暗灰色的皮肤可以很好地藏污纳垢。但实际上，大象有严重的洁癖。不过，它们习惯洗"泥浆浴"，而不是泡泡浴。它们是这样洗澡的：先用象鼻吸起尘土和泥浆，然后喷洒在它们自己或它们孩子的身上。大象们没有浴巾，但它们会精神饱满地抖动它们粗壮的大象腿，甩掉身上的泥浆。随着泥浆和灰尘被甩掉，大象身上的死皮和藏在皮肤褶皱里不受欢迎的寄生虫也一起被清除干净了。啊！洗完"泥浆浴"后的大象，宛如一位一吨重的佳人，清新怡人。

记得给你的兄弟姐妹留一点泥！

课外实验

泡泡宝藏

肥皂位于对抗污垢的前线。肥皂本身看起来可能有些无聊。但是，一旦我们将肥皂和高温联系起来，事情就变得相当有趣了！

1. 仔细观察每块肥皂。发现了什么？每块肥皂的密度或重量如何？

2. 请你的成人助手在每块肥皂的末端切下一小块，然后用放大镜仔细观察。关于它们的外观和触感，你有何发现？在笔记本上记录你的观察结果。如果将肥皂放进微波炉里加热，你认为会发生什么？

3. 将一块象牙牌肥皂置于玻璃碗中，然后置于微波炉中。

活动器材 ➡

- 一位喜爱肥皂的成年人
- 3 块不同类型的肥皂，其中一块必须是象牙牌肥皂
- 小刀
- 放大镜
- 笔记本
- 3 个中号或大号的玻璃碗或其他微波炉适用的容器
- 微波炉（及其使用权限）

4. 将你的微波炉调至高温，加热 1-2 分钟，观察整个加热过程，每隔 30 秒关闭一下微波炉，并打开微波炉的门，观察一下发生了什么。请千万小心！加热后的肥皂中充满了高温蒸汽，所以请至少等待 5 分钟后再触碰肥皂。

5. 大约 5 分钟后，请你的成人助手小心地将碗从微波炉中取出。请他们先摸一摸。一旦他们给出高温警报解除的指示，你便可以将你的手伸进混合物中。用手指拨开这碗多泡的"蛋奶酥"，然后将其改造成球形或其他有趣的形状，供你下次洗澡时使用。如果它的材质太过疏松，你可以用一条面巾将它包裹起来，用橡皮筋将面巾的两端扎起来，做成一条浴巾，供你下次洗澡时使用。

6. 按照同样的步骤将第二块肥皂微波加热；接着针对第三块肥皂重复上述实验步骤。记住：肥皂微波加热的时间不能超过 2 分钟。

7. 哪块肥皂制造出来的泡沫最多？哪块肥皂膨胀的速度最快？你认为出现这种现象的原因是什么？你预测出哪块肥皂能够

制造出最漂亮的泡泡了吗？回顾一下你最初的观察结果。

8. 清理实验现场：将你的碗浸泡在水中，然后用力擦洗，将剩下的肥皂清洗干净。这个步骤不是你的成人助手的工作。你必须自己完成！

刚刚发生了什么？

每块肥皂中都含有大量的小气囊。有些品牌的肥皂中所含的气囊要多于其他品牌。气体三定律中有个关于等容的定律叫作"查理定律"。该定律以"雅克·查理"的名字命名，查理是该定律的验证者之一。查理定律指出，随着气体温度的升高，气体的体积也会增大。因此，当你加热肥皂时，肥皂中所含的气体就会膨胀。肥皂中的水分也会转变成水蒸气（指气态的水）并膨胀。象牙牌肥皂本身就含有大量的气囊，所以，当这些气囊加热并膨胀后，象牙皂确实会制造出一个巨大的泡泡宝藏！

小鸡喜欢沙子浴。如果一只母鸡想要梳洗一番，它就会找到一块土地，用它的小爪子不停地刨啊刨，当它刨出沙子后，它就会"扑通"一下钻进坑里，如同一位在浴缸里沐浴的公主。然后，它会不断地翻滚，努力使沙子进入羽毛深处——深入接触它的皮肤。当皮肤表面感受到沙子的凉意后，它就会跳出沙坑，并来上一段小鸡舞。沙子不仅能够减少它们羽毛中的油脂和水分，还可以驱逐那些认为找到了一个好地方的寄生虫们。

说一说怎么把自己舔干净……

伸出你的舌头，舔一舔你的手指。接着，舔遍你的全身，不要忘了你的耳朵。你说什么？你无法将舌头伸进自己的耳朵？长耳大野兔就能够做到！它们先将自己的脚伸到脑后，然后把耳朵往前推，接着就用舌头舔到了自己的耳朵。很难吗？

猫，无论是家养的还是野生的，都热衷于舔毛。对于很多猫科动物来说，它们的舌头就像是粉红色的硬

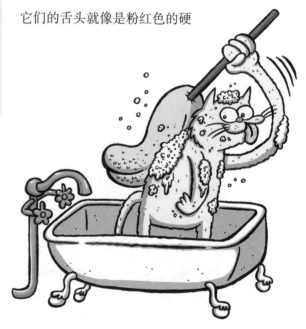

毛刷。如果你是一只猫，你每天就会花费一半的时间来清洁自己。比起人类洗澡，猫的清洁要稍微复杂一点。感觉很热？猫会舔遍全身使自己保持凉爽；感觉毛发有点干枯毛躁？舔毛可以帮助猫将天然油脂分布到全身上下；一个饥肠辘辘的捕食者正潜伏在灌木丛中？没关系，猫会舔掉自己毛发上残留的金枪鱼，从而减少身上的气味，不让捕食者追踪。用舌头清洁身体真的是一件非常美妙的事情。

你觉得长辈们很挑剔？扪心自问，他们帮你抓走屁股上的虱子的时候你有没有觉得很舒服？

舔（licking）与挑剔（picking）押韵，所以，别忘了那些通过剔除在它们毛发间跳跃的"不速之客"来保持身体洁净的动物们。许多灵长类动物将它们的双手同时用作梳子和镊子，例如黑猩猩和猴子。它们一边用手指梳理毛发，一边去除死皮、昆虫或寄生虫。对于灵长类动物来说，梳洗是它们每天最重要的日程之一。

毫无疑问，海底有大量的水，但是鱼类仍然会变"脏"。幸运的是，海中有一种叫作"清洁虾"的生物，它们专门负责为某些鱼类去除寄生虫、细菌和死皮。同时，这种虾还可以充当牙齿保健员，负责清洁鱼类的口腔。如果你养了一缸鱼，你就可以将这些小虾们放进去。你可以在宠物商店买到它们。不过，别指望它们清洁你的牙齿。

课外实验

超级大泡泡

为什么有些泡泡能够持续片刻而另外一些会即刻破裂呢？你可以通过实验做出一个很厉害的泡泡，让我们拭目以待吧！

1. 为你想要测试的添加剂各准备一只碗，将这些碗排成一列。在每个碗上各贴一张纸胶带，然后用笔标出每种添加剂的名称。

2. 在每只碗中加入1汤匙的洗碗液。

3. 依次取1汤匙你选择的添加剂，然后加入各自的碗中并搅拌。其中一碗不要加入任何添加剂，只加入洗碗液。

4. 在每只碗中各加入6汤匙的水，然后搅拌。

5. 在每只碗中各放入一根吸管。（每只碗使用一根单独的吸管。如果你的朋友来你家做客，那么每个人都应该有他专属的吸管，避免交叉感染病毒。）

活动器材

- 几只碗
- 纸胶带和笔
- 黏稠的洗碗液
- 几只汤匙
- 以下食物添加剂中的一种或几种：
  1. 玉米糖浆
  2. 植物油
  3. 凝胶粉
  4. 甘油（药店有售）
  5. 白糖
- 几根塑料吸管
- 计时器或带秒针的时钟
- 可以弄湿的桌子或工作台面，或几个托盘
- 清洁毛巾

6. 将你的手伸进其中一碗泡泡混合物中，将其涂抹一点在桌子、工作台面（如果允许的话）或类似托盘的其他平面上。为每种混合物安排一个单独的区域，大概一个小餐盘的大小。

7. 从装着泡泡混合物的碗中取出吸管，然后将其对准你在桌子或托盘上涂抹了相应泡泡混合物的位置。

8. 在桌子上轻轻吹出一个泡泡。（因为泡泡在桌面的部分是平的，所以泡泡看起来像半个泡泡。）

9. 如果你的朋友在你家，你们可以同时用不同的混合物各吹一个泡泡，看看哪个泡泡持续的时间更长。你可以先吹一个泡泡，然后测定泡泡破裂的时间。接着，用另一种混合物再吹一个泡泡，然后计时。（请确保你吹出的泡泡的大小是差不多的。）

10. 另外，你还可以测试一下哪种溶液吹出的泡泡最大。当泡泡破裂后，你可以测量泡泡残留在桌子上的圆圈的直径。

11. 将所有的泡泡溶液保存起来，你可以将其用于第二天的课外探索中，也可以在第二天再进行一次今天的实验。如果我们使用"旧的"溶液，泡泡会不会持续得更久，抑或你能够吹出更大的泡泡？（小提示：实验的结果可能会让你大吃一惊。）

刚刚发生了什么

好吧，首先让我们从小处着手。水是由微小的分子构成的。如你所知，水分子喜欢结伴出去游玩（科学家们称它为"相互吸引"），它们实际上是相互黏附着的。在某些液体的表面，水分子紧密地粘在一起，并产生一种叫作"表面张力"的力量。你可以想象成把水分子用链条锁在了一起。如果你拉动链条，你就会对它们施加张力。纯净水具有很高的表面张力。

但是，肥皂能够降低水的表面张力。记住，肥皂分子具有亲水基和疏水基。肥皂分子环绕着水分子形成了一个小小的三明治。你可以将肥皂想象成面包，将水想象成果酱。肥皂会形成一层薄薄的、有弹性的"皮肤"，当我们吹进空气时，"皮肤"就会拉伸。于是，泡泡得以向外伸展、放松并持续得更久。泡泡能够保持原状，直到泡泡"皮肤"内的水分子蒸发到空气中，或者泡泡接触到干燥的东西，例如你的手指。这时，泡泡的"皮肤"上就会出现一个洞，有点像气球爆裂。

你应该已经注意到了，肥皂和水的混合物制造出了更好的泡泡——比纯水制造出的泡泡更好。但是，这种泡泡依旧无法持续太长时间。当你测试了其他食物添加剂（特别是玉米糖浆和甘油）后，你就会发现它们制造出的泡泡更大更持久。这是因为，这些添加剂增加了泡泡水的黏稠度，使泡泡变得更加牢固了。这种"更黏稠的皮肤"延缓了水分子的蒸发速度。爆裂声变少了，你就会发出更多的"噢"和"啊"的赞美声！

既然你不能在泥土里打滚，也没有清洁虾会花上数小时帮你去除皮屑，那么你就只能去冲个淋浴了！也请向肥皂问个好吧！你每天都会用到肥皂。（好吧，你最好每天都用到它。）但是，肥皂究竟是什么做成的呢？

实际上，肥皂是由油脂、水和一种叫作"碱液"的物质构成的。油脂看起来有点恶心，你可以在超市的肉柜里看到它，和红色牛肉相连的白色油腻的部分就是油脂。油脂看上去油腻，但的确可以帮助你保持干净和清新。还记得碱性物质氢氧化钠吗？对，就是那种超强的下水道清洁剂。在酸碱度标度上仅次于下水道清洁剂且同属于危险碱性物质的是一种叫作"碱液"（PH13）的物质。我们不能说谎，它的确是一种非常危险的物质。但是，当你将碱液和某种油脂（例如动物脂肪或橄榄油）混合在一起时，就会发生一种化学反应，所有的碱液和油脂结合在一起，都会创造出一种全新的、不那么可怕的化学物质——肥皂。

洁癖狂

以下是肥皂的工作原理。水分子不是善于交际的花花公子，它们喜欢和自己的水分子同伴一起玩耍。正如在前文了解过的一样，水分子的这种属性叫作"内聚力"。当你将油和水混合在一起时，水分子会形成一个个小水珠，产生小水珠的原因就在于"内聚力"。然而，肥皂可以打破成群结队的水分子，它们能够把一切事物弄得更湿。肥皂分子同时具有亲水性基团和亲油性基团，因此，它们就像是我们

泥巴，泥巴，伟大的泥巴。当然，也要感谢肥皂和水！

身上发臭的污垢跟干净的洗澡水之间的一个连接器。肥皂分子分解了我们身上的油脂，并将它们困在泡泡中。当我们冲水时，被困住的油脂就和水一起流走了。你可以把肥皂想象成一群牛仔，它们拥有喜爱水的马和喜爱油的套索。每个套索都会从你的皮肤上抓住一点污垢或者油脂。当你继续揉搓身体，泡泡牛仔们就会将你身上所有的污垢赶拢成小小的畜群。然后，它们骑着喜爱水的马儿一起驶向夕阳（排水管）。于是，你身上的污垢就这样和你说再见了！

课外探索

如果你想要尝试多个想法，则需要做 1 个小时的实验

泡泡大爆炸

既然你已经找到了最佳的泡泡制造液，那就努力成为一位泡泡大师吧！制造出各种大的、小的、圆的甚至是方形的肥皂泡。建造泡泡之城，并在泡泡里制造出泡泡吧！

1. 控制中心
将你的手伸进泡泡溶液中，然后将其涂抹在桌子上的大片区域（如果你想要保持房间整洁的话，就用一个托盘）。这将作为你吹泡泡的控制中心。

活动器材

- 在上次实验后剩下的泡泡溶液里，挑选你最喜爱的一碗
- 4 根塑料吸管
- 可以涂抹泡泡溶液的大面积平整区域
- 1 个或 2 个托盘
- 铅笔或钢笔
- 纸杯或塑料漏斗
- 30 厘米长的细绳
- 剪刀
- 1 个或 2 个钢丝衣架
- 食用色素（可选）
- 大量的毛巾

2. 泡泡之城
用吸管在桌子或托盘上吹出一些半泡。

- 你能吹出多大的泡泡？你可以在一个大泡泡中再吹出一个小泡泡吗？

- 吹出一个大泡泡，然后在它旁边再吹出一个小泡泡。发生了什么？小泡泡会钻进大泡泡中，还是大泡泡会钻进小泡泡中？它们的接触面是平面还是曲面？如果你吹出一大堆泡泡，它们会如何排列呢？

• 先用干手指触碰一个泡泡，再用湿手指触碰另一个泡泡。结果有何不同呢？

3. 制作杯子泡泡
取一支铅笔，在你的纸杯（或漏斗）底部戳一个洞。然后，将杯口在泡泡溶液中蘸一下。通过杯底的小洞朝桌面吹，看你能不能在桌面上吹出一个泡泡。

你能吹出多大的泡泡？你能将泡泡和杯子或漏斗分开吗？如果不分开，泡泡中的空气会从小洞逃走吗？你能够像我们这样制作出一个泡泡雪人吗？

4. 方形泡泡
将泡泡溶液倒入托盘中。取 30 厘米长的细绳，将其穿进两根吸管，打一个结，然后将结藏进其中一根吸管中。现在，将两根吸管拉开，直到细绳和位于两侧的吸管形成一个矩形。将矩形在托盘的泡泡溶液中蘸一下。紧紧握住矩形的吸管边，并把它提起来，然后观察你制作出来的方形泡泡皮。在空中快速舞动你的矩形，制造出一个大泡泡。这可能需要多练习几次。如果你没有这些器材，那么就将钢丝衣架在托盘的泡泡溶液中蘸一下。把钢丝衣架提起来，看你是否能够制作出三角形的泡泡。

随意地在空中挥舞衣架，看看你是否能够把泡泡从衣架中分离出来。另外，你还可以弯曲衣架，从而做出一个更圆的泡泡制造机。

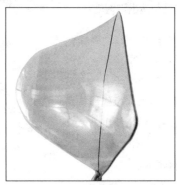

5. 如果你对泡泡依旧乐此不疲，以下是更多的关于泡泡的探索：

• 寻找其他有洞的家居用品，例如纱窗或茶滤器。将这些物件在泡泡溶液中蘸一下，然后对着小洞吹气，会发生什么呢？

• 仔细观察一个泡泡从吹出到破裂的全过程。你看见了哪些颜色？多试几次。在泡泡破裂之际，你看见的颜色都是相同的吗？

6. 当实验完成后，别忘了清理实验现场。毕竟，这次的实验对象是肥皂！

刚刚发生了什么

为什么方形或三角形的泡泡制造机也只能吹出球形的泡泡？那是因为球形是大自然中最了不起的形状之一。球形可以让泡泡在占用最小空间的同时，尽可能容纳最多的空气。让我们想象一下，能容纳相同体积空气的一个足球和一个橄榄球，足球所需的制作材料肯定更少，球形是最节省空间的形状。因为球形所需的肥皂更少，所以，你吹出的泡泡永远都是球形。

虽然空气中的泡泡永远都是球形，但是，当你一个接着一个地吹出一堆泡泡时，又会发生什么呢？这些泡泡会形成不同的形状是因为它们受到了挤压。你可能还发现了，每当四个泡泡靠在一起时，其中一个就会破裂。这是因为三面靠在一起比四面靠在一起更稳定。试试将所有的泡泡都弄破，只留下一个，你会发现，这个剩下的泡泡一旦落单就会再次形成球形（如果在桌面上就会是半球形）。

当你在一个大泡泡旁边吹出一个小泡泡，你发现了什么？小泡泡总是会钻进大泡泡中。这是因为小泡泡中实际所含的压强比大泡泡中的更大。压强是一种作用在表面的推力或拉力。在大泡泡中，你吹入的空气的压强分布在了一个更大的表面上，因此，大泡泡表面受到的压强更小。而在小泡泡中，其表面受到的压强更大，因此，作用在它们表面的推力也更大，所以它们能够钻进大泡泡中。让我们为小家伙的胜利欢呼呐喊吧！

关于清洁，我们就说到这儿了。你永远无法用肥皂做出一份像样的泥饼，那么，让我们来快速了解一下泥土吧！首先，让我们对泥土表示一下敬意。泥土的官方名称是"土壤"。它是由五种不同的物质组成的。让我们来一一了解这些土壤的组成部分吧！

1. 岩石 岩石的大小不一，从巨石到可以用作弹弓弹药的石子儿，再到最小的砂石，都属于岩石。

2. 沙子 沙子不仅仅是出现在沙滩上。你家院子或附近公园的泥土中也含有沙子颗粒。沙粒是岩石和矿物质经过大风、雨水、波浪或其他自然力量数亿年的打磨才形成的。

3. 泥沙 在脑中构想一粒沙子，然后从这粒沙子上取下一小块。现在，你就得到了一粒泥沙。如果你看见一张河流的照片，里面的河水看上去是棕黄色的，那是因为河流中漂浮着大量的泥沙。

4. 黏土 黏土是最小的土壤颗粒。它不仅可以用来制作小碗或泥塑动物，而且还可以帮助植物的根系牢牢地抓住土壤。因为黏土可以堵住土壤层储水的缝隙，所以它能够使土壤保持湿润。但是，当我们将黏土压紧后，它就会形成硬层，阻止水分子穿过。

5. 腐殖土 腐殖土是土壤中最棒的部分！腐殖土是由腐烂的动植物残骸形成的。腐殖土中充满了各种各样有利于植物生长的物质。

将以上所有这些成分混合在一起，就可以构成土壤——制作一份美味泥饼的不二之选！你可以走出家门，挖出一些土壤，看看是否能够找出我们以上列出的任

肮脏的 饮用水

泥土几乎无处不在——你的花园、你的脚下或耳后。但是，不应该出现在你的饮用水中。以下是一个水过滤系统的制作方法，可以使脏水看起来晶莹剔透。

请注意：虽然到最后脏水看起来已经非常干净，让你忍不住想要一饮而尽，但是，千万不能喝！

 活动器材

- 1/4 杯的泥土
- 2 个闲置的 2 升装汽水瓶
- 水
- 1 个干净的杯子
- 1 茶匙的明矾（大部分杂货店有售）
- 剪刀
- 橡皮筋
- 1 块 2.5cm×2.5cm 大小的布
- 1/2 杯的沙砾
- 细滤器
- 1 杯沙子

1. 将泥土倒入一个汽水瓶中，然后再倒入半瓶水。盖上瓶盖，摇晃瓶身。然后将一份脏水样本倒入一个干净的杯子中，并将它置于一旁。稍后，你需要将它与过滤后的水进行比较。

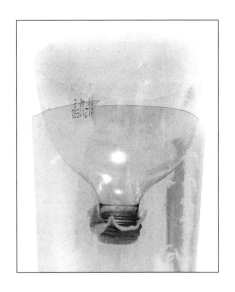

4. 将沙砾倒入细滤器中，然后将细滤器置于水槽中，打开水龙头，冲水，直到细滤器中流出干净的水。将洗净的沙砾倒入倒置瓶子的上部。取沙子，重复该实验步骤，将沙子置于细滤器中冲洗干净，然后加入到沙砾层的上方。套在瓶口的布条不能让任何物质从瓶口漏出。

2. 将明矾倒入装了脏水的汽水瓶中。盖上瓶盖，然后轻轻摇晃瓶身大约 3 分钟。接着，让脏水静置 15 分钟。你可以一边等待，一边制作你的滤水器。

3. 取下第二个瓶子的瓶盖，然后用橡皮筋将一块布牢牢地固定在瓶口。请一位大人帮助你用剪刀剪下瓶子上部的三分之一，然后将剪下的瓶口倒置，将它套入剩下的瓶子中。

5. 将脏水慢慢倒入你新制作的滤水器中，请轻轻地倒，不要让底层的沉淀物倒出来。从滤水器底部滴出来的水看起来应该相当清澈了。将这杯光彩夺目的水与步骤1中置于一旁的那杯水比较一下。但是，记住：

千万不要喝！

6. 既然你已经成为一名治理污水的专业人员，你就可以进一步探究了。重复本实验，但是尝试省去某些实验步骤，研究治理过程中每个步骤的重要性。例如，如果你不使用明矾或沙子会怎么样？会对水的外观造成多大程度的影响？

想要了解更多有关泥土的知识吗？

当土壤中有蚯蚓爬行时，土壤会变得更加有趣。因此，像蚯蚓一样蠕动到"蠕虫"那一章，获得更多关于泥土的知识吧。

刚刚发生了什么

清洁的饮用水是人类赖以生存的必需品。但是，大部分的水（即使没有你在步骤1中制造的那杯水那么脏）都含有我们在饮用之前必须过滤掉的杂质和微生物。城镇的污水处理设备的工作原理和你刚刚进行的实验是一样的。当然，那些设备的规模肯定要大得多。工作人员可能还会在那些设备中加入氯或利用紫外线去杀灭危险的细菌。

漂浮在水中而不沉到杯底的悬浮微粒叫作"胶体"。你加入的明矾可以使胶体聚集在一起，形成块状，这些块状物叫作"絮凝物"，絮凝物的比重大于水，从而能够沉降。这个结块的过程叫作"絮凝"。絮凝将水中所有的杂质都凝聚在一起，从而更好地清除杂质。没有絮凝，你就只能喝到污水。沙子和沙砾就像是一个巨大的咖啡过滤器，能将絮凝过程中凝聚的杂质微粒一网打尽。你铺设的过滤层越厚，你滤出的水就越干净。

何一种土壤成分。你可能也会对以下事实感到惊叹，我们居然能够用这些了不起的泥土制作出砖块（烧制后的土壤）、玻璃（主要是熔融砂）和餐具（烧制后的黏土）。

大卫·惠特洛克是一位受人尊敬的化学工程师。自 2001 年起，他就再也没有泡过一次澡或冲过一次淋浴，但是，他全身非常干净。他不洗澡不是因为他不喜欢泡热水澡。多年前的一个夏天，他看见一群汗流浃背的马，突然就想到了一个好主意。与大象和母鸡一样，马也喜欢洗泥浆浴。马会大量出汗，但泥浆浴可以减少马的出汗量。惠特洛克认为这也许是因为发生了某种化学反应，或者是因为泥浆中存在着的细菌能够如我们狼吞虎咽地吃巧克力圣代一般"吃掉"汗液。惠特洛克收集了一些马用来洗澡的泥浆带回实验室进行分析。不出所料，他分离出了一种能够吸收氨（汗液中残留的一种使人发臭的副产品）的细菌。

你的皮肤就像是一座城市，其中居

假设你是一位在国际空间站（ISS）工作的宇航员，现在你觉得身上有点脏了，洗个澡当然会让你感觉舒服一些，但是，怎么洗呢？水+失重环境=灾难。小水滴会在整个空间站四处飘浮。更重要的是，水几乎是空间站上最宝贵的物资。因此，宇航员们通常是用一块湿毛巾和一种不需要冲洗的特殊肥皂和洗发水来简单擦洗一下身体。

宇航员们在太空漫步时是无法吹出泡泡的。这是因为太空中没有空气分子，泡泡的外壁缺少一种能够使泡泡分子结合在一起的推力，因此，泡泡会即刻破裂。幸运的是，空间站内配有空气泵，于是宇航员们能够呼吸、做实验甚至吹泡泡。

住着各种各样的"居民"——大量不同类型的细菌。其中一些细菌会让我们闻起来像是放了三天的鱼，或让我们的脸上冒出可怕的青春痘。好的细菌可以吸收臭烘烘的氨气，而坏的细菌也没有传闻中的那么邪恶！

惠特洛克需要一位实验对象——他自己，来验证他的理论！他将已经分离出来的细菌和水混合在一起，然后将其倒在自己全身。如此而已，没有别的实验步骤了。任何可能洗掉细菌的步骤都会破坏整个实验。14年转瞬即逝，他几乎没有冲过一个澡。现在的惠特洛克是不是闻起来像一只没有洗过的臭袜子？并不是！而且，他还创立了一家叫AOBiome的微生物公司（AOB代表的是氨氧化细菌），主要制造一种了不起的细菌洗浴用品。

为了让所有不辞辛苦、以氨为食的细菌生活在一个健康的环境（或生物群落），惠特洛克制造的细菌洗浴喷雾，能够有效改善人类的皮肤。那么，什么是健康的生物群落呢？你可以想象一下，在一个完美的小公园里，所有的动植物都能和平共处，它们所有的需求都能得到满足。这就是惠特洛克想要在人类皮肤上创造的状态，一个美好的游乐场，在那儿，细菌能够将臭气熏天的氨气全部吞掉！

我们生活在窑洞中的祖先们，他们没有抗菌香皂，也没有泡泡浴。所有形式的沐浴（特别是使用杀菌香皂），都会破坏我们皮肤微生物群落的平衡，尤其是会影响氨氧化细菌。通过恢复皮肤中的氨氧化细菌的数量，一些人已经改善了自己粗糙的皮肤状况，例如粉刺。而且他们在没有踏进浴缸一步的情况下仍然保持了身体的洁净。

踢完一场汗流浃背的足球赛后，感觉身上有点脏？也许，在不久的将来，你只需要在身上喷一些亚硝化单胞菌——一种有利于皮肤的细菌就可以了，再也不用泡澡或淋浴了！

说到保持洁净，你耳朵中那种蜡状的黏性物质是什么？请继续往下读，接下来的一章是关于耳朵的。

耳屎和耳毛

耳屎究竟是什么？上了年纪的人为什么会长耳毛？大象为什么需要那么大的耳朵？我们的耳朵究竟想告诉我们什么？问题真多！请仔细听好我们给出的答案。

想象一下，如果你们的耳朵中没有耳屎会发生什么。

首先，你们的耳朵会奇痒难耐，因为它们会变得非常干燥！耳屎能使你们的耳朵保持滋润。实际上，19 世纪 30 年代的一本杂志曾为嘴唇皲裂提供了以下治疗方法：将一根手指伸进你的耳朵，掏出一大块耳屎，然后，将它涂抹在干裂的嘴唇上。哈哈！接下来，给我们一个热烈的拥吻吧！

其次，你将不断和耳部感染做斗争。太痛苦了！一项研究发现，耳屎中至少含有 10 种蛋白质，能够杀灭一些细菌和真菌。

再者，大量污垢、灰尘和水会进入你的耳朵，引起内耳发炎。耳屎就像是一扇大门，把所有的坏家伙都挡在门外。

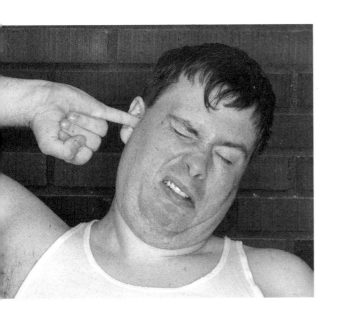

如果你的耳朵痒，请控制住掏耳朵的欲望。否则，你最终可能会掏出一座耳屎大坝。

10
分钟

耳屎
睡衣派对

这里很重要，请仔细听好。千万不要随便掏耳屎！不要用棉签掏耳朵，也不要将你的手指伸进耳朵。（即使你的嘴唇皲裂也不可以！）掏耳屎只会让你的耳朵更痒。更糟的是，掏耳屎会将部分耳屎推到

请一些朋友来参加你的睡衣派对。你可以利用手电筒在黑暗处制造出可怕的阴影……你也可以利用手电筒了解更多关于耳屎的知识！当你可以窥探某人的耳朵时，你何必还要睡觉呢？

活动器材

- 手电筒
- 照相机（可选）
- 几个勇敢的朋友
- 笔记本

发出邀请函，并提醒你的朋友们在这个派对前的几周时间里都不要清洁他们的耳朵。当客人来齐后，轮流观察彼此的耳朵，然后制作一张表格，描述每个客人耳中之物的颜色和稠度。你甚至可以给其中一些令人印象深刻的耳屎拍个照，并将打印出来的照片贴在你的笔记本上，以供进一步观察。

如果你不想让我们看见你耳朵里掉落的耳屎，每天用一块湿毛巾好好擦擦吧！千万不能用棉签！

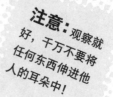

注意： 观察就好，千万不要将任何东西伸进他人的耳朵中！

耳道的更深处，形成栓塞；甚至可能会损伤到非常重要的鼓膜！从根本上说，耳朵就像是自洁式烤箱，不需要你进行任何清洁工作！

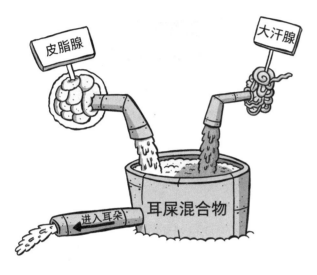

那么，耳屎和腋臭又有什么关系呢？我们金黄色的耳屎有个学名叫"耵聍"。这种像蜡的物质来自我们皮肤中的两个地方：一个是皮脂腺，它会分泌出一种叫作"皮脂"的油性脂肪。另一个是大汗腺，它会分泌出一种较干的成分，这种成分会产生汗水并导致狐臭。在我们的耳道中，油性物质和干性物质混合在一起，然后极其缓慢地沿着外耳道排出。当你洗头发时，水会流进你的耳朵，耳屎会因此变软并分解成小块从你的耳中脱落，然后被冲进下水道。

我们每个人都拥有一种特定类型的耳屎，这取决于我们的祖先。我们中的一些人（他们的祖先来自非洲和欧洲）的耳屎是湿的。一般来说，这种耳屎是蜂蜜色的且触感黏稠。而祖先是亚洲人或美洲土著人的那些人的耳屎则较干，呈白色薄片状。

另外，耳屎还具有不同的气味，这同样取决于我们的祖先来自何方。你的耳屎闻起来气味如何？

鲸鱼一般多久清洁一次耳朵呢？如果从不清洁，结果会如何？最近，一条蓝鲸因撞上一艘轮船而不幸死去，科学家们从它的耳朵里掏出了一块长达 25 厘米的耳屎。鲸鱼的耳屎由角蛋白（一种坚硬的物质，是我们指甲的主要成分）和脂肪组成。鲸鱼的耳屎像树的年轮一样层层叠加，因此，海洋生物学家可以通过研究鲸鱼的耳屎来判断它的年龄。他们还可以通过详细分析鲸鱼的耳屎来推断海洋的污染程度。譬如，从那条死去的蓝鲸的耳屎中，科学家们发现了 DDT（一种具有严重危害的杀虫剂，现已被全世界大部分国家和地区禁用）。

课外实验

耳屎摧毁者

如果一个人的耳屎特别多，那么他有时会觉得什么都听不清楚。如果你出现了这种情况，请赶紧去医院检查一下你的耳朵。别忘了叫上你身边有同样情况的人！你可以在药店里买到能够软化部分耳屎的药剂；医生们也总有办法把黏稠的耳屎弄出来。现在，让我们对这些黏稠的小家伙们做些实验吧，看看究竟什么才是清洁耳屎的最佳物质。

1. 你下次去医院时，请问下医生能不能帮你清洁一下耳朵，然后将那些大块的耳屎收集起来带回家。或者，你的父母也能够用纸巾帮你把耳朵中部分耳屎掏出来。但你自己千万不要去掏任何人的耳朵。如果你掏得太深，可能会将耳屎顶到耳朵的更深处，甚至还可能损伤鼓膜！

如果你的父母或者医生帮你弄到了一些耳屎，请用你的牙签或叉子将其平均分成四份，然后将它们分别置于一张纸巾的中间。

活动器材

- 一位至少能帮助你处理过氧化氢的成年人助手（过氧化氢会毁了你的衣服或把你的头发漂白，使用时务必小心）
- 几块小型的耳屎
- 厕纸或纸巾（裁成 4 个小正方形，大约 2.5cm×2.5cm）
- 剪刀
- 牙签或叉子
- 4 个小玻璃杯
- 茶匙
- 水
- 医用酒精
- 过氧化氢
- 婴儿润肤油（矿物油）

2. 当你在每张纸巾上放置好大小相等的耳屎后，请将每张纸巾分别置于一个玻璃杯中，并确保可以透过玻璃清楚地看见其中的耳屎。

3. 在每个玻璃杯上标出你即将放入的液体。

4. 每种液体各取一茶匙，分别置于对应的玻璃杯中，然后盖上盖子。

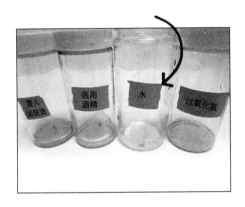

5. 在接下来的一两天里，仔细观察耳屎发生的变化。你发现了什么？

刚刚发生了什么

警告！请做完实验后再阅读本段文字！你可能发现了，水和过氧化氢中的耳屎呈略带白色的蓬松状，而婴儿润肤油和医用酒精中的耳屎变化不大。过氧化氢接触到耳屎后会发出"咝咝"声，会将大块的耳屎分解成小块的耳屎，从而让耳屎呈现出蓬松状。但是，你的耳朵可能很讨厌那种"咝咝"声。另外，如果你不小心将过氧化氢滴错地方，它就会漂白你的头发或衣服。专门研究耳屎的科学家们（是的……你也可以靠研究耳屎为生）研究发现，实际上，水才是清洁耳朵的最佳物质！水和在药店购买的药剂具有同等的效果。所以，当你洗澡时，尽管让少许温水流进你的耳朵；你也可以用一块湿毛巾轻轻擦拭你的耳朵。但是，记住，留一些耳屎在你的耳朵中才是健康之选！

耳朵不仅是用来听声音的，大象等其他动物还用它们的耳朵使身体保持凉爽。因为耳朵中的血管离体表很近，所以当血液流经耳朵时能够释放出大量的热量。耳朵越大，血液流经的区域面积就越大，释放的热量也就越多。变凉的血液流回心脏，从而降低了动物身体其他部位的温度。如果你是一个体形巨大、生活在炎热气候环境中的生物，耳朵对你就至关重要！实际

请借我一只大象耳朵！

就耳朵而言，没有动物能够比得过大象。即使相对于它们硕大的身躯来说，它们的耳朵仍然是巨大的。那对布满褶皱的大耳朵几乎相当于它们躯体的1/6。如果按照大象耳朵与身体的尺寸比例来生长，你的耳朵将长到多大呢？

1. 首先，你要明确你的身高（单位：厘米）。你或许已经知道自己的体重是多少千克了，但是你可能还是需要跳上浴室的体重秤，再次确定一下自己的体重。

活动器材

- 细绳
- 铅笔
- 硬纸板或建筑用纸
- 标尺
- 剪刀

2. 请查阅以下表格，对照你的身高和体重，取最接近你实际身高和体重的数值，

你的"大象耳朵"的半径 （单位：厘米）

		你的身高（单位：厘米）													
		111	116	121	127	132	137	142	147	152	157	162	167	172	177	182
你的体重（单位：千克）	22.7	10.5	10.7	10.8	10.9	11.0	11.1	11.2	11.3	11.4	11.5	11.6	11.7	11.8	11.8	11.9
	27.2	11.0	11.2	11.3	11.4	11.5	11.6	11.7	11.8	11.9	12.0	12.1	12.2	12.3	12.4	12.5
	31.8	11.5	11.6	11.7	11.8	12.0	12.1	12.2	12.3	12.4	12.5	12.6	12.7	12.8	12.9	13.0
	36.3	11.9	12.0	12.1	12.2	12.4	12.5	12.6	12.7	12.8	12.9	13.0	13.1	13.2	13.3	13.4
	40.8	12.2	12.4	12.5	12.6	12.7	12.9	13.0	13.1	13.2	13.3	13.4	13.5	13.6	13.7	13.8
	45.4	12.5	12.7	12.8	12.9	13.1	13.2	13.3	13.4	13.6	13.7	13.8	13.9	14.0	14.1	14.2
	49.9	12.8	13.0	13.1	13.3	13.4	13.5	13.6	13.8	13.9	14.0	14.1	14.2	14.3	14.4	14.5
	54.4	13.1	13.3	13.4	13.6	13.7	13.8	13.9	14.1	14.2	14.3	14.4	14.6	14.7	14.8
	59.0	13.4	13.5	13.7	13.8	14.0	14.1	14.2	14.4	14.5	14.6	14.7	14.8	14.9	15.0	15.1
	63.5	13.6	13.8	13.9	14.1	14.2	14.4	14.5	14.6	14.7	14.9	15.0	15.1	15.2	15.3	15.4
	68.0	13.9	14.0	14.2	14.3	14.5	14.6	14.7	14.9	15.0	15.1	15.2	15.4	15.5	15.6	15.7
	72.6	14.1	14.3	14.4	14.6	14.7	14.8	15.0	15.1	15.2	15.4	15.5	15.6	15.7	15.8	16.0
	77.1	14.3	14.5	14.6	14.8	14.9	15.1	15.2	15.3	15.5	15.6	15.7	15.8	16.0	16.1	16.2

找到你的"大象耳朵"的尺寸。关于这个表格，你需要注意以下三点。首先，我们将你的"大象耳朵"假定成了圆形（因为圆形便于计算，并且画起来比真正的耳朵的形状要更简单）。其次，表格上的数值显示的是你的"大象耳朵"的半径；半径指圆心到圆上任意一点的直线距离。最后，表格中出现了一些潜在的荒谬组合：一个身高1.82米的人怎么可能只有22.7千克？！其实，这些只是从一个方程式中得出的数据。它们对于估算"大象耳朵"的尺寸是非常有用的，无论是对于真实存在的人还是想象中的人。

的数值一致。接着，按上述步骤在纸上再画一个圆（每个圆代表一只耳朵）。

4. 剪下你画出的圆，然后用几根细绳把它们绑在你的耳朵上。你也可以将它们剪得更像大象耳朵的形状。现在，你的耳朵真正变得巨大无比了。

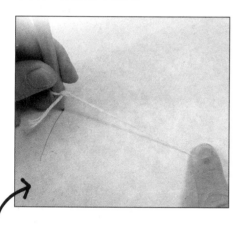

3. 对照你的身高和体重，在表中找到对应的圆的半径。取一根细绳和一支铅笔，将细绳的一端绑在铅笔的下端。首先，测量细绳的长度，使其等于你的"大象耳朵"半径的厘米数。然后，将细绳的一端固定在纸张的中心，接着，拿起铅笔，将细绳拉直，用铅笔围绕中心点画出一个圆。请再次核对你画出的圆的半径是否和表中

刚刚发生了什么

这张表格上的数据是基于莫斯特勒公式制作的，该公式主要用来估算人体的表面积。基于各种各样的原因，知道自己身体的表面积是大有益处的。如果你是一只大象，你就可以算出自己耳朵的尺寸。不仅如此，你还可以用它来算出很多有用的数值。例如，要覆盖你整个身体需要多少张邮票？又如，将你的体育老师浑身涂满蓝色需要多少颜料？好吧，转念一想，它也许不如我们最初设想的那么有用！

上，生活在温暖气候环境中的大象、兔子和狐狸的耳朵比它们生活在凉爽气候环境中的同类的耳朵要大得多。这就是适者生存！

小耳朵，大耳朵

对动物们来说，拥有一对灵活的大耳朵是件非常棒的事，这可以帮助它们听到最细微的声音。你可能已经发现了，一些动物会抽动它们的耳朵

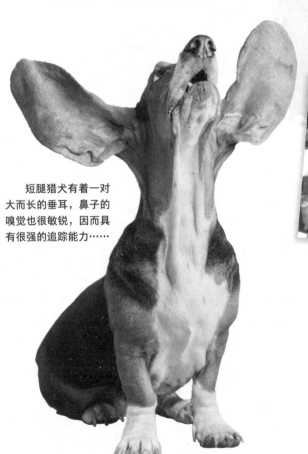

短腿猎犬有着一对大而长的垂耳，鼻子的嗅觉也很敏锐，因而具有很强的追踪能力……

长大后，我想成为一名掏耳朵师傅

中国的成都因为很多东西而闻名于世——其中，包括一家非常著名的熊猫研究中心，以及在这座城市四处游荡的掏耳朵师傅们。这些师傅们聚集在当地的茶馆里，他们的口袋中装满了各种掏耳朵工具——小刀、小勺子、铜钉，其中最好的是鹅毛制成的刷子。

有了这些工具，掏耳朵的师傅们就可以开始工作了。他们在客人的耳朵中轻挠，小心地试探，客人们则舒服地靠坐在竹椅上，等待师傅们轻轻地掏出耳屎。掏耳朵的师傅们声称，通过触摸耳朵中连接其他身体器官的部位，可以增加身体内某器官的血流量，提高身体自身的治愈速度，从而改善一个人的健康状况。

来觉察来自不同方向的声音，例如兔子和狗。对它们来说，耳朵是一种非常重要的野外生存工具。你可以抽动耳朵吗？走到镜子前，试试吧。

想要测试拥有一对大耳朵是否能够使我们听得更清楚并不难。站在房间的一头，然后让人在另一头轻声说几句话。听不

课外活动

耳屎棒棒糖

 活动器材

- 一位成年人
- 一碗或一盘压紧的雪或碎冰
- 1个量杯
- 中号的深平底锅
- 2杯枫糖浆
- 一小块黄油
- 木匙或筷子
- 10余根棉签
- 精致的上菜盘

可选：

- 用来放置黏糊糊的木匙的小碟子
- 可测糖温的温度计
- 数个用来装"狗尿"思乐冰的杯子

承认吧，你一直都幻想着有一天能够用耳屎做出一些惊人的作品。（我们知道你这样想过！）那么，你可以选择在接下来的二十年里小心翼翼地收集到足够多的耳屎，或者选择制作一些假耳屎。这种东西看起来和真耳屎一样，但实际上非常美味——这点有别于真耳屎。端上一盘用"耳屎"包裹着"被用过的"棉签制成的美味佳肴，和你的家人及友

邻们开个玩笑吧！

1. 如果你是长头发，请将头发扎起来并放在背后。另外，本次活动不能穿袖子肥大的衣服。

2. 走到雪地里，用铲子取一大碗干净的白雪。如果外面没有雪，那就用锤子将一袋用毛巾包裹着的冰块锤成小碎冰，或者去当地出售刨冰的商店购买。

3. 将雪或冰置于碗中，压紧，然后放进冰箱的冷冻室。

4. 将小块的黄油打圈涂抹在深平底锅内侧上部的边缘。黄油所含的脂肪能够有效地防止枫糖浆加热后冒出的泡泡溢出锅外。

5. 将枫糖浆倒入平底锅中，请你的家长将锅置于中火上，慢慢加热（5到10分钟）直至沸腾。

6. 当枫糖浆进入沸腾状态后，将中火调至小火。此时，大约一半的糖浆表面应该被大大小小的泡泡覆盖。

7. 继续用小火煮15到20分钟。你和你的成年人助手必须盯着这个煮沸的锅！糖浆在沸腾时会不断地膨胀，下一秒就可能因沸腾而溢出。

8. 一边等待，一边在装菜的盘子里抹上黄油，否则，你的客人将永远无法拿起他们的耳屎点心。另外，将每根棉签一端的棉花扯掉。（以免你的客人最后吃得一嘴棉花！）记住，自始至终都要密切关注那锅正煮着的糖浆。

9. 大约15分钟后，泡泡会发生变化。泡泡会变得更大更持久。再过几秒钟，液体会呈现出几分透明的状态。（用温度计测量一下液体的温度，糖浆大概是112摄氏度。）

10. 将你的木匙或筷子插入糖浆中，然后将其提升到平底锅的上方。当滴下的糖浆能够硬化成线状，糖浆就熬好了。

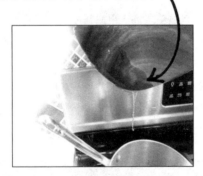

关火。千万不要搅拌糖浆，否则它就会形成晶体，从而毁坏你即将做出的"耳屎"的外观。（如果糖浆开始呈现出深褐色或开始冒烟，请立即将它倒在雪或者碎冰上。于是，你就制作出了一些略带焦味的、黑乎乎的、吃起来嘎吱作响的耳屎糖果。初次制作时，我们都可能出现这种情况。虽然我们不能将糖浆裹在棉签上了，但它吃起来同样超级美味。）

11. 从冷冻室取出雪或者碎冰。

12. 请你心灵手巧的成年人助手将糖浆倒在雪或者碎冰上，并制作出各种有趣形状的糖果。但是，不要让他们将倒出的糖浆再倒回锅内的糖浆上。如果糖浆是流动的而不是硬化的，那么糖浆煮的时间还不够久，请将平底锅放回炉子上再煮一会儿。

13. 将手洗净，在指尖上涂抹少许黄油。取一块硬化的糖浆，它现在应该是又脆又硬的，用手拿一小会儿糖浆使它变暖融化。然后，取一根棉签，将融化的糖浆包裹在没有棉花的一端。你想做多大的"耳屎"棒棒糖就包多少糖浆。将包好的棒棒糖在雪或者碎冰上放置几分钟，时间不要太长，否则棒棒糖接触过多空气中的水分子后会开始融化。

14. 将包裹了"耳屎"的棉签摆在涂过黄油的盘子上，然后把盘子放进冷冻室中，以免糖浆融化。如果你不想使用棉签，可以将糖浆从棉签上拧下来，然后将它们做成各种有趣的雕塑作品。做完之后，即刻上菜（或者放进冷冻室中），贴上标签，写上它们的菜名——"耳屎雕塑"。

刚刚发生了什么？

在煮沸枫糖浆的过程中，水分子会慢慢蒸发掉。"浓缩"了之后的糖浆变得更加黏稠。将滚烫的糖浆倒在雪或者碎冰上，糖浆会快速凝固成厚厚的块状。加拿大和美国北部的枫糖小屋都是采取这种方法来制作枫糖的。他们将枫糖浆包裹在冰棍上，但或许永远不会想到这样会让人联想到耳屎！

这种空袭警报器利用一对巨大的喇叭来监测正在逼近的轰炸机的声音。

见？试试把手围成漏斗形，然后放在耳边。你现在能听见了吗？

虽然人类没有大象那么大的耳朵，但是科学家们和工程师们从未停下过他们利用巨型耳朵的脚步。20世纪中期爆发了一场可怕的战争——第二次世界大战，战争期间装载着致命炸弹的战斗机不断地在人们的头顶盘旋。因此，预测出战斗机的抵达时间，提前拉响空中警报，可以帮助人们迅速撤离并躲到安全的地方。如果我们能够通过某种方式更早地听到即将到来的轰炸机的声音，

那该多好！于是，工程师们开始着手研究这项重要的任务。来自欧洲的科学家们通过使用巨大的金属"耳朵"的方法来"捕捉"声波，这样就可以预测出轰炸机到来的时间，从而拯救更多的生命！所以，就算这对"耳朵"长得奇怪，那又如何！

让我们来看看关于耳朵的另一种令人作呕的东西——多毛耳。这种现象多出现在上了年纪的男人身上。有关该现象出现的原因，至今还没有人真正弄明白。我们全身都长着叫作"毫毛"的纤细体毛。这

用你干净的食指小心翼翼地（我们的意思是"非常非常小心地"）掏你的耳朵。很舒服，对不对？原来，耳朵内汇聚了大量的神经末梢，而许多神经末梢都是与你身体的其他部位相连的——特别是你的肠道器官。早在古罗马时期，罗马人民最喜爱的一个消遣就是美食狂欢。毫不夸张地说，人们真的会不停地往肚子里塞食物直到呕吐。他们最喜欢的一个催吐方式就是用羽毛掏耳朵。吃撑的肚子 + 掏耳朵 = 马上要吐了！

些毫毛逐渐变黑，长成终毛——你头顶长着的乌黑浓密的毛发以及青春期在你身体其他部位冒出的毛发。研究毛发生长的生物学家发现，特定的雄性激素在人们体内积累到某种程度会导致某些毛发被"过度喂养"以至疯长，其中就包括耳毛。下次参加家庭聚会时，进行一次秘密搜索吧！找找谁耳朵中长出的耳毛最茂密，以及谁的耳屎最明显。

来自印度的拉德哈坎特·巴吉帕是一位前吉尼斯世界纪录保持者，他之前是全世界耳毛最长的人！也许，他应该尝试用耳毛扎个小辫子。

下一章：学习如何做出斗鸡眼，让大人们疯狂吧！

眼球

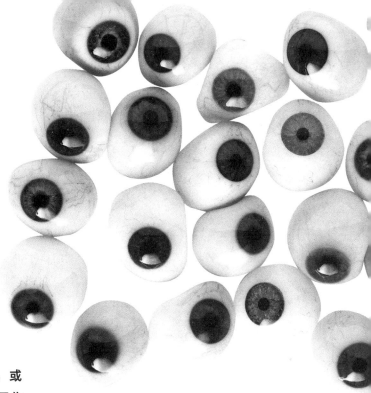

棒球、橄榄球、篮球都很好玩。但是，眼球更胜一筹！

"湿软的""黏糊的""滑腻的"这三个和恶心有关的词语全都适合用于形容眼珠！但是，我敢打赌，你肯定不知道，当你看卡通片时，你那双淡蓝色的，或深邃的褐色，或绚丽的绿色和黄褐色的眼睛几乎消耗了你一半的脑力。你肯定也不知道，控制你眼珠的肌肉是你体内最活跃的肌肉。你更不知道，我们每分钟大约眨眼 15 到 20 次，每次眨眼大约持续 0.1 秒到 0.3 秒。还有，我们能看见多达 1000 万种不同的颜色！这些你都知道吗？关于嵌在你头骨中的这两个小珠子，你还有什么不知道的？

因为眼睛实在是太过湿软，所以它们需要被保护起来。在这点上，你的身体做得相当好。如果你小心地触摸你眼窝的外缘处（从你的眉毛开始），你就能触摸到那对"多骨的眼窝"，它们为你的眼睛提供了一个家。它们能够保护你的眼睛不被街角

那个淘气的家伙毫无征兆地朝你猛踢过来的足球砸伤。你的眉毛就像是两把小巧可爱的遮阳伞，能够保护你的眼睛不被过强的光线晒伤。当你眯眼时，你的眉毛就会下移。你的眼睑和眼睫毛会防止尘屑飞入你的眼睛。当然，你肯定也不想让空中的浮尘或你身体正在脱落的死皮细胞进入你的眼睛。

如果有东西不小心掉进了你的眼睛，那么请眨眨眼。嵌在你眼睛上眼睑上方的泪腺——分泌泪液的器官，在你眨眼时会分泌出眼泪来冲洗你的眼球。眼泪中包含

如何做出斗鸡眼

别担心……你的眼球不会卡在那里……虽然有些人总说用力做斗鸡眼它们可能会卡在那里!

★睁大你的双眼,竖起一根手指,保持在距离你面部大约30厘米的位置,然后将其缓缓移向你的面部,让你的眼睛始终盯着这根手指。当你的手指距离你面部大约1厘米时,保持不动。眼睛继续盯着手指。现在,你的眼睛应该已经变成斗鸡眼了。请一位朋友或兄弟姐妹帮你确认一下。

★另一个做出斗鸡眼的方法就是让双眼紧盯鼻尖。接着,让眼睛慢慢开始向上看,同时让双眼继续保持和鼻子之间的角度。你的双眼将无法聚焦,很奇怪吧?因为控制你眼珠的肌肉不得不以它们不熟悉的方式工作。

★如果你的双眼“迅速恢复”了聚焦,那斗鸡眼就会消失。即使学会了上述小窍门,想要让你的双眼随时做出斗鸡眼仍然需要练习。一旦掌握了这项技艺,你就可以开始尝试难度更高的终极技艺了,那就是朝不同方向移动你的眼球。当你做出斗鸡眼后,让一只眼球继续盯着你的鼻子,同时让另一只眼球移至眼睛的中心位置或移到另一侧。好好练习一下,你将能够在眨眼间使别人惊奇不已。

了氧气、眼睛滋养物以及能够杀灭细菌的酶。眼泪以及眼泪中的黏性物质,一起流入叫作“泪点”的小孔中。泪点位于眼睑的内角处。最终,眼泪会流入你的鼻子中,这就是为什么你在大哭一场后,总是会迎来一次小型的鼻涕节。如果你在镜子前仔细观察眼睑的内角处,就能看见略带粉色的泪点。

现在,让我们来了解一下果冻般的眼球的真实面目吧!

眼角膜有点像家里的窗户，但仅限于圆形的窗户。眼角膜是位于眼球晶状体前面的透明组织。晶状体和眼角膜形状的变化是我们许多人必须佩戴眼镜的原因。眼角膜和晶状体共同使光线落在你眼球后部的视网膜上。（稍后还会有关于视网膜的内容。）不过，我们的晶状体和眼角膜有时需要额外的帮助才能使光线准确地落在视网膜上。

如果你眼球的前后轴过长或你眼角膜的弯曲度过高，那么眼角膜和晶状体将会使光线聚焦在视网膜前面一点的位置而不是正好落在视网膜上。虽然你能够很轻松地读出这句话，但是看远方的物体就会模糊不清了。我们将其称为"近视"。如果学校黑板上的字看起来模糊不清，那么你就可能患有近视了。许多学龄儿童都是近视患者。

如果你能够看清远处的物体，但看不清近处的物体，那么，你可能患有远视。远视表明你眼球的前后轴过短或你眼角膜的弯曲度过低。

我们经常将眼角膜与橄榄球的形状进行对比，如果你的眼角膜弧度不一，呈现出不规则的形状，那么，一切事物对你来说都是模糊不清的。我们将这样的现象称为"散光"。

但是，不要发愁！所有这些问题都可以通过佩戴合适的眼镜或者隐形眼镜来解决。镜片可以帮助你的眼角膜和晶状体将光线聚焦到你的视网膜上。戴上眼镜后的你又可以看清楚所有事物了！

瞳孔是光线进入眼睛的通道，是位于眼睛中间的虹膜环绕着的黑色小孔。你的

我们大脑的大部分工作都涉及处理从眼睛那儿获取的各种信息。

与你朋友的眼睛做游戏

别太兴奋了！我们不是要教你如何弹出你朋友的眼球，然后像玻璃弹子一样满屋滚动它（事实上，你最好万分小心地对待你自己的眼睛和你朋友的眼睛）。在这次探索中，你将有机会看见瞳孔的扩大与收缩。

活动器材

- 手电筒
- 有些昏暗的房间
- 朋友（如果没有朋友愿意配合，就用镜子观察你的双眼）

深情地注视你朋友的眼睛，控制住咯咯笑的冲动（好吧，算了，放肆笑吧！）。注意观察虹膜的颜色，然后观察瞳孔的大小（眼球中心位置的小黑点）。现在，打开你的手电筒，短暂地照一下你朋友的一只眼睛。你发现了什么？将手电筒移开，看看会发生什么。再次打开手电筒，但是这次要观察的是另一只眼睛（那只没有被手电筒照过的眼睛）。当你用手电筒照射一只眼睛时，另外一只眼睛会发生什么？询问你的朋友光线照进眼睛时的感受。现在轮到你的朋友用光线把你的眼睛弄花了。（呃……我们的意思是"出于科学的目的观察你的眼睛"。）

刚刚发生了什么

你朋友的眼部肌肉是扩大还是收缩，取决于照射在他眼睛上的光线有多少。更多的光线= 小瞳孔；更少的光线 = 大瞳孔。你的虹膜——瞳孔周围的多彩部分——由两种肌肉组成。这些肌肉的活动方式有点像调节照相机的光圈，通过缩小和放大瞳孔来控制进入眼内光线的多少。当光线明亮时，一层围绕在瞳孔周围的肌肉——瞳孔括约肌，能够促使你的瞳孔收缩。在炎炎夏日里，当你在外步行时，瞳孔括约肌可以有效地减少射入你眼内光线的强度。而另一种肌肉——瞳孔开大肌，能够促使你的瞳孔扩大。当你走进一间黑漆漆的房间时，会发生什么？静静等候几分钟，尽量不要撞到任何家具。此时，你的瞳孔会扩大，更多的光线会进入你的眼内，从而让你在黑暗的地方也能看清东西。

虹膜控制着通过瞳孔进入眼内光线的强弱。当虹膜上的特定肌肉收缩时，瞳孔就会扩大，进入眼内的光线也就会增多；当虹膜上的特定肌肉放松时，瞳孔就会收缩，进入眼内的光线就会减少。

你长着一对蓝色的眼睛？这没什么好奇怪的。直到大约1万年前，所有人类的虹膜都还是褐色的。蓝眼睛是一种基因突变（这里的基因突变是指决定眼球颜色的DNA上的改变。这并不意味着长着蓝眼睛的人是长着两个脑袋的变异怪胎）。最初长着蓝眼睛的父母将蓝眼睛的基因遗传给了自己的孩子，然后这些孩子成为父母后又将其遗传给了他们的下一代。这也就意味着所有长着蓝眼睛的人都拥有共同的祖先。让我告诉你一个令人震惊的事实：蓝眼睛可能看起来是蓝色的，但是，正如蓝色的天空和蓝色的大海一样，这不过是因为他们以某种特定的方式反射了光线，它们压根儿就不是真正的蓝色。绿色和黄褐色的

密切关注你的眼珠

1. 闭上你的双眼，轻轻地用你的两个指尖触摸你的上下眼睑。只要轻轻放在眼睑上就可以了，千万不要用力按压。

活动器材

- 你干净的双手
- 你的眼球（那么，你把它们放在哪里了？哦，它们已经在你的头上了）等等。

2. 接下来，上下左右转动你的眼球。你感觉有点奇怪对吗？但是，也超级好玩，对不对？仔细感受那些必须收缩才能使眼球四处移动的肌肉组织。你能感觉到你的眼球并不完全是圆的吗？你也许能感知到你的眼角膜——它就像是位于眼睛中心的一个隆起物。

眼睛也一样。其实，所有人的眼睛都是褐色的。每个人的虹膜都有三层，有点像奥利奥饼干（但是，不要试图舔上一舔）。虹膜的中间一层是海绵层，而外面两层是薄膜层。长着"蓝色""绿色"或"淡褐色"眼睛的人们不过是因为虹膜的底层上有色素，而且该色素千真万确是褐色的。但是，由于虹膜的中间海绵层反射光线的方式不同，因此，他们的褐色眼睛才呈现出蓝色、绿色或浅褐色。所以，下次当你遇见长着美丽的蓝眼睛的人时，请对他们说："您基因突变的虹膜真是太好看了！"

看好了，朋友

海盗们可能不如你那么了解眼睛。但是，他们非常了解戴眼罩的好处，即使他们的视力非常好。眼罩不仅使他们看起来非常强壮，还使一只眼睛随时准备好迎接黑暗。海盗们之所以需要佩戴眼罩是因为他们经常需要跳上船，然后一路杀进船下漆黑的船舱。不戴眼罩的话，从明亮的阳光下走进漆黑的船舱的一瞬间，他们将什么也看不清。但是，如果戴了眼罩，他们就可以把眼罩往上一翻，而戴着眼罩的那只眼睛已然准备好投入战斗了！

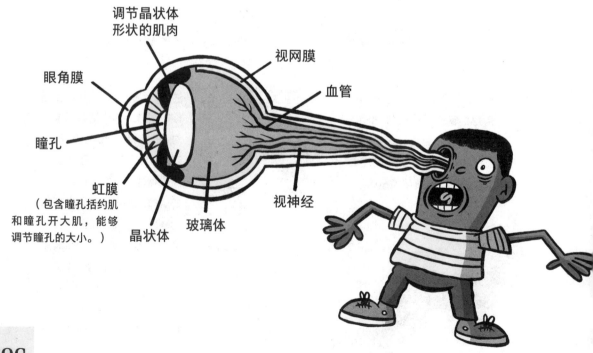

调节晶状体形状的肌肉

视网膜

眼角膜

血管

瞳孔

视神经

虹膜
（包含瞳孔括约肌和瞳孔开大肌，能够调节瞳孔的大小。）

玻璃体

晶状体

5
分钟

跳跃的拇指

因为你的双眼在脑袋上的不同位置，所以每只眼睛看见的景象也略有不同。你的大脑负责将看见的两个景象合成一个完整的清晰图像。以下是一个有趣的活动，可以帮助你理解这个概念。

活动器材

- 你的双眼
- 你的拇指
- 一个远处的物体

1. 盯着远处的某个物体，例如，墙上的照明开关。

2. 闭上你的右眼。

3. 抬起你的右臂，让你的拇指和你看着的物体保持在同一水平线上。

4. 睁开你的右眼，然后闭上你的左眼。你的拇指似乎换了位置，它是跳跃了吗？

5. 比较一下，你的拇指靠近你的面部时与远离你的面部时，拇指跳跃的距离差多少。

刚刚发生了什么

这个小活动表明了我们每只眼睛看见的图像会略有不同。因此，当你转换左右眼时，拇指似乎发生了跳跃。这个拇指位移的幻觉就叫作"视差"。这个词源自希腊语，意思是"改变"。

正因为有了视差，才有了 3D 视觉！另外，宇航员也能利用视差来判断附近星体的距离。他们分别在 1 月（此时地球在太阳一侧）和 7 月（此时地球在太阳的另一侧）为某个星体各拍摄一张照片。将拍摄照片的这两个点想象成天空中两只巨大的眼睛。因为我们已经知道那两个点之间的距离（2993 亿米——即地球运行轨道的直径），宇航员们就能够将该星体的"跳跃"距离与位于它后面的星体进行比较，并据此计算出地球与该星体之间的距离。

黏糊糊的东西

在晶状体之后视网膜之前的空间，存在着一种透明的像果冻一样的物质，叫作"玻璃体"。玻璃体使你的眼睛呈现出了球形。视网膜位于你眼球的后部。在你的眼球电影院里，视网膜基本上就相当于那个巨大的弧形电影屏幕。视网膜由能够探测光线的特殊细胞组成，这些细胞将光线转换成电子信号，电子信号经由你的视觉神经进入你大脑中负责视觉处理的区域。物体通过眼睛在视网膜上的成像是倒立的，但是你聪明的脑细胞能够将该成像翻转过来。如果整个世界看起来都是颠倒的，我们可能就很难四处闲逛了！

看我的眼睛，你就知道我爱你

你已经知道了虹膜会针对光线的变化做出扩张和收缩的反应。但是，你知道眼睛也会针对你的情绪做出不同的反应吗？你暗恋你们班的某位同学，抑或是非常讨厌你邻居家的一条比特犬？喜欢＝更大的瞳孔；讨厌＝更小的瞳孔。当你陷入沉思时，你瞳孔的大小也会发生变化。还记得上次的历史突击测验吗？你的瞳孔当时可能变得非常小！你长大后可以成为一名科学家，专门研究测量瞳孔的方法。这个让人大开眼界的职业你会喜欢吗？

古怪的眼球

虽然我们人类的眼睛很了不起，但是，在动物世界中，我们的眼睛并不是最厉害的——绝对不是。许多动物可以看到很远的地方或者能够在极度黑暗的环境中看见东西。例如，老鹰能够在3200米外准确地看见正在津津有味地咀嚼一片莴苣叶的小兔子。在黑暗中，你可能只能跌跌撞撞地前行，而一只狮子（或一只家猫）却能够轻松地辨认并猛扑向一顿正在挪动的夜宵。想要了解更多关于动物眼球的小知识吗？请继续往下读！

见到你真好，亲爱的 想象将一个篮球放进一只大王乌贼的头盖骨中，这样你就可以了解地球上最大的眼球究竟有多大了。（注：大王乌贼和巨型乌贼不同——它甚至比巨型乌贼还要大！）"超级恶心的"乌贼眼睛在昏暗的灯光下能够派上用场。对于不得不在海底深处寻找食物的大王乌贼来说，这对眼球是非常有用的，因为太阳光是无法照射到海底深处的。

上下颠倒地看东西

活动器材

- 2 只纸杯或塑料杯
- 焦距为 10 厘米的双凸透镜（直径约为 38 毫米）。除非你正好有一个这样的双凸透镜闲置在家，否则你就要从网上订购了
- 铅笔
- 多功能刀以及一位帮助你操作刀的成年人
- 透明胶带
- 从一卷卫生纸中取出的纸筒（或者切成两半的纸筒）
- 可裁剪的不透明塑料（我们的材料取自一个外卖食品容器）或者一张蜡纸
- 可在塑料上做标记的马克笔或钢笔
- 用来裁剪塑料的剪刀
- 胶棒或白胶，或更多的胶带

2. 请你的成人助手帮助你在纸杯底部剪出一个洞，略小于你刚刚描摹的那个圆圈。剪出的洞不一定要是完美的圆形。

3. 将凸透镜置于那个洞上，用一些胶带将凸透镜固定在那个洞上。尽量不要让胶带覆盖住凸透镜，同时也不要让你脏兮兮的指纹印在凸透镜上。然后，将杯子置于一边。

　　你的眼球大概相当于一大颗球形口香糖的大小，眼睛的晶状体大概相当于一粒 M&M 巧克力豆的大小。有人饿了吗？你可以制作一个眼球模型，它将向你展示你的视网膜是如何看见东西的。

1. 将一个杯子倒置在桌上。将凸透镜置于纸杯的底部，然后用你的铅笔围绕凸透镜的边缘描摹出一个圆圈。

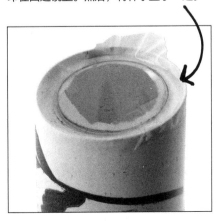

4. 拿起你准备好的卫生纸筒，将它置于第二个杯子的底部，然后围绕纸筒描摹一个圆圈。

5. 请你的成人助手在纸杯底部剪出一个洞，略大于你刚刚描摹的那个圆圈。将纸筒插入纸杯中，检查纸筒是否能够在洞中来回滑动。如果不能，将洞再稍微剪大一些。

6. 将纸筒从杯子中抽出，然后将纸筒的一端置于一块塑料上。用你的钢笔或马克笔围绕着纸筒在塑料上描摹出一个圆圈。

7. 沿着塑料上的圆圈，剪下一个略大于纸筒的圆盘。

8. 在纸筒的一端涂上少许胶水，然后粘上你刚刚制作的那个塑料圆盘。注意不要在圆盘上粘太多的胶水。你也可以使用胶带，但千万不要让胶带覆盖住大部分的圆盘。

9. 将粘好圆盘的纸筒穿过第二个杯子的杯口，从内推入你刚刚制作的那个洞中。重要提示：塑料圆盘最后应该位于杯子内。

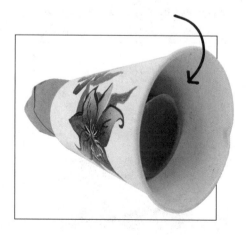

10. 现在，把两个杯子的杯口拼在一起，然后用胶带把它们粘起来。凸透镜在一端，塑料圆盘在中间的位置，而纸筒的开口在另一端。

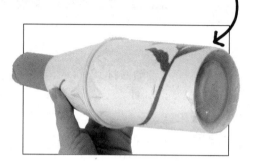

11. 现在，你已经制作完了一个不是很圆的眼球模型！（你可以通过套上一个玩具球来制作一只圆圆的眼球，但是何必要浪费一个毫无瑕疵的好球呢？）

12. 将凸透镜的一端对准光线良好的某个事物或某个人（例如户外的一棵树或附近的一个朋友），透过纸筒的开口端仔细观察该事物或该人。你不需要让你的眼睛紧挨着纸筒的开口端……事实上，如果让你的眼睛距离开口端大约15厘米，效果可能更好。调整纸筒与你眼睛的距离，从而使图像聚焦。用你的模型四处看看吧……颠倒的世界。这正是外界事物在你大脑中呈现的图像。

刚刚发生了什么？

你眼球内的晶状体是一个富有弹性的透明组织，位于你虹膜和瞳孔的正后方。你制作的眼球模型中的凸透镜和真正眼球中的晶状体有着相同的工作模式。晶状体先吸收了从你正在注视着的东西反射出来的光线，然后将这些光线聚焦到视网膜上。视网膜细胞感知光线，并将其转换成电子信号，传输到视神经。然后，视神经将这些信号传输到你大脑中控制视觉的区域。

通过调节塑料圆盘（即"视网膜"）与凸透镜（即"晶状体"）的远近距离，你可以使你的眼球模型聚焦。不过，你真正的视网膜是不会如此移动的，是小肌肉（即"睫状肌"）轻微改变了晶状体的形状，这就是你眼球的聚焦方式。事实上，此时此刻，当你正在阅读本页时，你的那些小肌肉也正在努力工作。当你远眺时，小肌肉就能够得到放松，你的晶状体也会变得扁平。正因为如此，我们阅读书本或玩电子游戏时偶尔休息一会儿是有益于我们的眼睛的。放松你的眼球，看看远处的东西吧，你的眼睛会对你感恩戴德的！

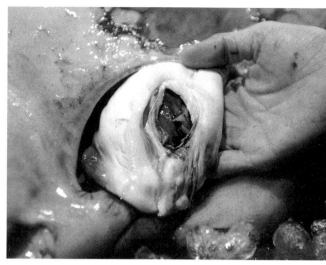

巨型乌贼的眼睛相当于手的大小！而大王乌贼的眼睛则相当于篮球的大小！

睁得大大的且从不闭上的眼睛
青蛙从来不闭眼，鱼也一样。我猜想这意味着它们无法互相使眼色。

毛茸茸的眼睛 有些蜜蜂的眼球上长满了毛发。这些细小的毛发可以帮助它们判断风向并掌握自己的飞行速度。

111

蜻蜓眼 在昆虫的世界里，蜻蜓是至高无上的狩猎者。它的眼睛如此之大，甚至几乎占据着整个头部，像一只眼睛头盔！如果你长着蜻蜓眼，那么你的头部除了眼睛外将一无所有。这些生物拥有着 360 度无死角的视野。这意味着，它们能够同时看见背后和面前正在发生的事情。

触须眼睛 哦，成为一只突眼蝇吧！如果你能够将你的眼睛放在从你头部伸出来的两根触须的顶端，何必浪费珍贵的脸部空间呢？

相较于雌性突眼蝇，雄性突眼蝇的触须要长得多，它们甚至能够通过弯曲触须使眼睛变大。在交配的季节，雄性突眼蝇

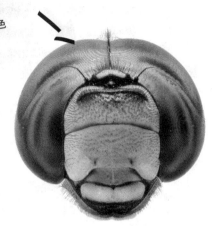

蜻蜓眼，你好！
蜻蜓头部的整个绿色外缘都是它们的眼睛。

们会相互比较各自触须的长度。脸部到眼部的距离越长，代表这只突眼蝇越帅。

睁着一只眼睛睡觉 当你想要小憩一会儿，却又担心有生物试图一口吃掉你，你会怎么办呢？有些物种（海豚、鬣蜥和许多鸟类）会睁着一只眼睛打盹儿。因为一只眼睛是闭着的，所以，它们的左右眼和对应的左右脑会轮流休息。

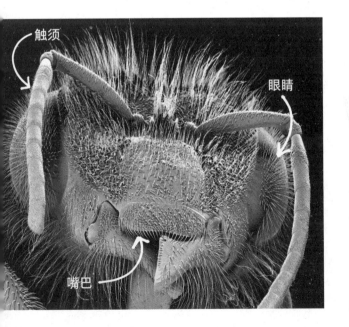

触须

眼睛

嘴巴

哇哇哇！毫无疑问，新生婴儿会哭泣，但是他们的眼里通常没有泪水。至少要等到这些小不点儿长到一个月大时，咸咸的泪水才会从他们的眼里流出来。在一个婴儿刚刚出生的头几天，他眼中的世界是颠倒且非常模糊的。我们的大脑能够翻转图像，但是小婴儿们还需要几天的时间才能掌握这项技能。

嘿，独眼！ 你应该尝过虾的味道吧！虾属于"甲壳纲"动物群。一种被称为"剑水蚤"的微小生物也是甲壳纲动物的一员，它是地球上唯一一个与生俱来只有一只眼睛的动物。剑水蚤的名字来自希腊神话中的一个人物——库克罗普斯，他是一个前额中间长着一只独眼的可怕怪物。放轻松！剑水蚤这种桡足类动物（体型极小的浮游生物）是吓不到任何人的，它们的身长仅 2 毫米——略比一角的硬币厚。

有洞的手

放心，放心……不要太激动，我们不会让你在手上割开一个洞的。但是，我们可以让你（连同你了不起的眼球和大脑）产生一个错觉，即让你以为手上出现了一个洞。

活动器材

● 一张纸（21.6cm×28cm）

1. 将纸卷成一个直径约 1.3 厘米的圆管。

2. 将圆管对准你的右眼，用你的右手握住圆管靠近眼睛的一端。

3. 将你的左手放在圆管末端 3/4 处，圆管应该置于你的大拇指和食指之间的虎口处。

4. 睁大你的双眼。让你的右眼通过圆管往外看，同时让你的左眼看着你的左手。你能看见左手上的洞吗？

5. 让你的左手沿着圆管前后滑动。在哪个位置上你左手的洞看得最清楚？如果你将左手放得很远，会发生什么？

刚刚发生了什么

你的大脑获得了两个图像，但是它无法识别它们，它吓坏了。因此，你同时看见了两个图像，于是看起来就像是你的手上出现了一个洞！

眼镜猴长着两只大眼睛，看起来充满好奇心。

你让我嫉妒 我们也许能够看见多达1000万种不同的颜色，但是皮皮虾拥有所有已知动物中最复杂的视觉系统，它们的眼睛中有12个光感器（而人类少得可怜，仅有3个）。人类只能看见一种光线——可视光。但是，皮皮虾还能看见我们人类看不见的紫外光和红外光。

大眼睛的哺乳类动物 如果你是一只眼镜猴（一种松鼠般大小、喜爱黑夜的东南亚灵长类动物），你将拥有所有哺乳类动物中相对于体型来说最大的眼睛。想

象一下你长着一双葡萄柚大小的眼睛，你就明白我的意思了。

你无法站在摩天大楼的楼顶看见地面上的一只蚂蚁，也无法看见你背后发生的事情。尽管如此，人类的眼睛也具有一些了不起的特征。例如，人类拥有双目立体视觉。双目立体视觉指的是两只眼睛在看物体的时候共同发挥作用，之所以能够如此是因为我们双眼之间的距离很近——大约5厘米。狩猎的动物（如狮子、狼和老鹰）长着距离很近的眼睛，所以它们能够更好地聚焦和追捕美味的午餐；而被狩猎的动物（如兔子、水牛和鹿）长着距离很远的眼睛，所以能够看见范围很广的区域，这样，它们才能够提防那些饥肠辘辘的狩猎者。

双目立体视觉最酷炫的一点在于，正因为有了它，我们才能够以3D立体的视角观察事物。我们的双眼负责收集我们所看到的事物之间的距离，而我们的大脑则忙着使用这些数据来帮助我们做出判断。某个物体距离你越远，你看见的细节就越少。如果你是一只食肉动物，例如，一只饥饿的狮子，细节观察对你来说就非常重要了。那头美味可口的斑马离你究竟有多远？眼睛与大脑的连接会告诉你答案，于是，你

你应该知道阿尔伯特·爱因斯坦吧，他是全世界最著名的科学家之一。爱因斯坦提出了著名的质能方程式$E=mc^2$。但是，现在你可能要为他感到难过了。1955年，在新泽西的普林斯顿，爱因斯坦不幸去世，在对他进行尸体解剖时——指针对尸体的医学研究——他的眼睛被盗走了。科学家们太想一窥这位伟人的大脑了，看看他超高智商的背后是否存在物理解释。真是恐怖，但是，更加令人毛骨悚然的是，在尸体解剖的过程中，他的眼球被切除并交给了每年为他检查视力的人——一位名叫亨利·艾布拉姆斯的眼科医生。艾布拉姆斯拿着这位伟人的眼球走出了尸体解剖室，将眼球放在一个罐子中，然后将罐子放进梳妆台的抽屉中保存了起来。这对眼球一直都被收藏在这个罐子中，直到数年以后，才被转移到了当地一家银行的保险箱中。

2009年，艾布拉姆斯去世了。在本书的创作阶段，爱因斯坦的眼球仍然漂浮在那个罐子中，被妥善保管于新泽西。真心希望爱因斯坦的眼睛在某一天也能得到安息！

就能够掌握发起猛扑的确切时间了。

你看过 3D 电影吗？那些震撼无比的画面是利用近距离安置的两个摄像机镜头制作而成的。两个成像经由不同的滤光器投射到屏幕上，从而让我们的大脑产生了电影中的演员和物体飘浮在空间中的错觉。

现在，你已经对眼球有了一个大致的了解。但是，那些你无法用眼睛看到的事物；那些你只能靠鼻子闻的事物该怎么办呢？下一章是关于放屁的，也许，你只想捂住你的鼻子！

放屁

现在，闭上你的双眼，想象一位魅力非凡的电影明星或者你最喜爱的体育明星，放出一个巨大的、臭气熏天的、巨响的屁。公主、牧师、教授、校长、诗人以及总统，我们每个人都会放屁！

成年人每人每天平均会释放出大约半升的气体。半升的气体基本上就是一个葡萄柚大小的气球所含的气体。大多数成年人每天大约放 12 个屁，但是一些真正的屁王能够在短短的 24 小时内放出 100 多个屁！

对于那些悄悄散发着恶臭的屁，以下是你必须了解的一些事情。

简单来说，屁就是指从你的肛门中释放出来（通常是强有力地释放出来）的气体。那么，这种难闻的气体最初是怎么进入你体内的呢？实际上，它要么是被你吸入体内的，要么是由你大肠中的细菌制造的。你释放出的气体大致由二氧化碳、氮气、氧气和氢气组成，但是这些气体均是无味的。臭味是由硫黄造成的，你食入的许多食物中都含有该化学物质。在你的体内，硫黄与其他化学物质中的氢原子结合，就会生成硫化氢和二甲基硫醚气体，前者闻起来像臭鸡蛋，后者闻起来像臭鱼。除此之外，屁中还含有其他散发着恶臭的气体，例如，粪臭素和吲哚（yǐn duǒ）——产生粪臭味的化学物质。

你放屁的次数基于你所吃的食物的种类以及你吃饭时不小心吸入的空气数量。有些食物会导致你的肠道细菌疯狂制造大量气体。当你吃饭时（通常是因为你吃饭

令人毛骨悚然的
科学

袋鼠拥有一些超级酷炫的特殊技能，它们单次跳跃能够达到7.6米！在出生后7个月左右的时间里，袋鼠宝宝一直被抚养在袋鼠妈妈的育儿袋中。但是，关于袋鼠，最神奇的事情之一是它们放出的屁超级特别。有别于大多数生物，袋鼠放出的屁有益于生态环境。对阿索尔·克里弗教授来说，这点相当有趣。克里弗教授是澳大利亚人，长期研究肠道微生物。成为一位这方面的专家是多么有趣啊！

澳大利亚生活着大量的牛和羊，而这两种动物无时无刻不在放屁！它们释放出了大量的气体，牛羊的气体排放量占整个澳大利亚温室气体总量的15%。没错，它们通过打饱嗝和放屁排放出甲烷……相较于二氧化碳，甲烷对气候变化造成的影响更大。人类要是能想出某个办法让牛羊像袋鼠那样放屁，那该多好！袋鼠的胃黏膜中含有一种特殊的细菌，能够"杀死"甲烷。克里弗博士正在研究，如果我们

在牛羊饲料中加入袋鼠体内的这种肠道细菌，我们是否能够阻止这些牛羊往大气中释放温室气体？你敢不敢食入袋鼠体内所含的肠道细菌，从而让自己放出有利于地球生态保护的屁呢？嗯，这是一件值得人深思的事！

放屁的黏液袋

黏液发出放屁的响声会是什么样的呢？以下我们就介绍一下制作黏液并使它发出响声的方法。

1. 将1/2杯的白胶和1/2杯的温水倒入碗中，用勺子搅拌均匀。如果你不想制作一个白色的黏液袋，请在混合物中加入几滴食用色素。

2. 在马克杯中，加入一茶匙的硼砂粉和3/4杯的温水，搅拌均匀。

3. 将水和硼砂粉的混合物缓缓倒入水和白胶的混合物中，边倒边搅拌。

活动器材

- 量杯
- 白胶
- 水
- 碗
- 勺子
- 食用色素（可选）
- 马克杯或其他容器
- 硼砂粉（超市的洗涤用品专柜有售）
- 塑料吸管

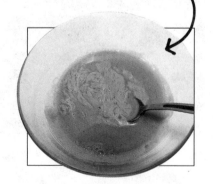

当碗中的混合物开始变得非常黏稠并难以搅拌时，请停止倒入水和硼砂粉的混合物。用你的双手代替勺子继续搅拌，直至碗中的混合物摸起来像一个泥球。此时，碗中可能会剩下少许水。

4. 将制作好的黏液从碗中取出。请用水将碗和你的双手冲洗干净，因为任何残留的硼砂都可能损伤你的皮肤。你制作的黏液不能食用，但是，用来玩的话是没有任何问题的。享受你黏糊糊的创作物给你带来的纯粹的快乐吧……不断拉伸并挤压！

5. 将一根吸管插入你的黏液中，然后用力往里吹气。当你吹气时，请将黏液放在你的手中，这样能够把声音控制得更好。另外，如果你仅将吸管插入约1.25厘米到黏液中，那么你很可能会获得最佳的实验效果。尝试几次后，你就能制造出各种各样的放屁声了。

6. 你制作的这团黏液可能会成为你新的好朋友。为了保证这位黏液好朋友的安全，并防止它脱水，请将它储藏在一个密封的塑料袋中。

刚刚发生了什么

所有的声音，无论是班卓琴的弦声还是大象的放屁声，都是由振动产生的。吉他之所以能够发出声响是因为琴弦发生了振动；你说话时能够发出声音是因为喉部的声带发生了振动。当你放屁时，肠道气体会冲出你的臀部，从而导致你肛门的括约肌发生振动。括约肌负责紧闭消化系统的最后一部分——肛门。

你的黏液袋也以相似的方式制造放屁声。当你将空气吹进黏液中，空气会经过黏液中的小褶皱，并使它们产生振动，然后就释放出那种我们熟知的声音。

想知道你制作的黏液的化学成分吗？请翻到"黏质物"这一章。

的速度过快），或嚼口香糖时，或用吸管喝水时，你会吸入大量的空气。如果这些空气没有通过饱嗝排出体外，就会通过其他方式排出。（参见"饱嗝"一章，了解更多有关吞咽空气的知识。）

你放出的屁有多臭，取决于你刚刚吃了什么。富含硫黄的食物是一份能够让你"立刻捂住鼻子"的食谱。一些有益于我们健康的食物——包括大豆、卷心菜和花椰菜（哦，别再抱怨了，不管怎样，我们还是要吃花椰菜的）——都含有大量的硫黄。香蕉、菠萝和西瓜也是如此。肉类和乳制品呢？是的，也含有硫黄！甚至连面包也是如此！那鸡蛋呢？从根本上说，蛋黄就是一个很大的硫黄球。以下是一个非常有趣的事实：大豆和花椰菜是尤其可以让你放出臭屁的食物，因为它们含有一种叫作"棉子糖"的碳水化合物。你的胃和小肠很难消化这种物质，于是，该物质经由你的小肠进入到你的大肠，接着，你大肠中的细菌开始忙碌地消化棉子糖和其他未消化的碳水化合物。消化碳水化合物时，它们会释放出硫化氢气体。水果和人工增甜剂也是制造臭屁的"罪犯"。如果你刚吃完零食，就在它的包装袋上看见"山梨醇"或"果糖"等字样，那就准备好放出一个巨响的臭屁吧！对你大

课外活动

如何制作出放屁的声音

如何制作出逼真的放屁声？

1. 弯曲你的肘部，将吸管塞进去。

2. 用上下臂夹紧吸管，使吸管埋进你的肉中。

活动器材

- 吸管——弯杆吸管的效果最好

3. 朝吸管中猛吹一口气。

4. 你也可以将双唇贴在你的手背上，并且用力吹。不断练习，直到你吹出那美妙的声音。

肛门打嗝

雷鸣降临

噼啪协奏曲

屁股的哔哔声

关于从你的双臂间排出气体的行为，你能够想出多少个不同的词？这里有10个供你细细品味的词：

屁股炸弹

大便的餐前点心

屁股喷嚏

臀部咆哮

臀部喇叭声

臭气制造器

肠中的细菌来说，这两种糖类都是超级美味的。当你觉得你没有在放屁时，其实无数的细菌正在你的大肠中放屁。由于它们没有屁股，气体只能通过细胞膜释放出来，然后通过你的屁股释放到体外。噗！噗！噗！

能够制造出腐臭气味的身体部位有很多（想想狐臭、口臭……），但是，除饱嗝外，只有一种具有出色的声音效果。屁为什么会如此响呢？你可能认为这是你双臀振动的声音，但实际上，其中涉及的乐器是你的肛门括约肌——指两片紧密的肌肉，它们能够防止粪便流出，直到你的臀部安全地坐在马桶上。你听到的放屁声实际上是空气通过括约肌时振动的声音。气体越

多，你的放屁声就越悦耳。有时，坐姿能够放大声响，所以，如果你不想引起围观，请站起来放屁。

迈克尔·莱维特博士50多年来一直致力于研究肠胃胀气，被誉为"肠胃胀气方面（注：肠胃胀气是"放屁"的专业术语）的泰斗"。迈克尔·莱维特博士进行了一项实验，想找出放屁时排出的臭烘烘的气体究竟是什么。他和他的两位同事先让16位实验对象食入斑豆和乳果糖（一种超级甜的糖），然后收集他们放出的屁。屁是通过插在实验对象臀部的管子收集的。然后，两位拥有极度敏感嗅觉的裁判会闻一闻收集到的所有气体，并在1级到8级的范围内进行评级——8级指"极其恶心"。这两位拥有极度灵敏嗅觉的裁判能够察觉出气体成分中细微的差别。如今，你应该已经知道了，含硫化合物的臭味等级是最高的。闻臭屁并分析其成分是一项很有用的技能，但也是一份惨不忍睹的工作！

自然界中存在着一种炭，能够除掉臭气，包括硫化氢——奇臭无比的屁中充满了该物质。从前，有一个特别爱放屁的家伙，因为他总是放屁，所以逐渐失去了身边的朋友。于是，他发明了一个"臭屁捕捉器"——一个塞满了这种特殊炭的小枕头。

莱维特博士决定检测一下该臭屁"捕捉器"是否真的有效。他请8位志愿者穿上一条特制的聚酯薄膜制成的内裤——人

慢镜头下的臭屁赛跑

我们都在朋友面前放过屁。运气好的话，就不会被人发现。让我们研究一下臭味是如何在空气中传播的，并探究一下哪种气味的传播速度最快。

1. 制作两个表格，参见下表。

2. 各就各位！拿着所有的食物袋站在房间的一头。请一位朋友站在1米外，另一位朋友站在2米外。如果还有更多的朋友，请他们站在更远的位置。

3. 预测一下哪种食物的味道会最先被你朋友闻到。

活动器材

- 2位或更多好友
- 4个塑料拉链袋，将有不同气味的食物分别密封在不同的袋子中（例如，几瓣橘子或几片橘子皮，发臭的蓝纹奶酪、切碎的洋葱、醋以及香草精等）
- 秒表
- 纸张
- 铅笔
- 计算器

4. 预备！请你的朋友们闭上眼睛。请他们在闻到任何食物的味道后立即举起一只手。

5. 打开装着第一种食物的袋口，启动秒表。不要告诉他们你打开的是哪个袋子，让他们的鼻子做这项工作。记录每位朋友闻到味道所花费的时间。

6. 取出装有其他食物的袋子，然后重复1至3的实验步骤，并记录实验结果。如果你感觉肠胃特别胀气，请用一个臭屁代替其中一种食物。不过，你可能需要打开窗户或用风扇来清除跑道间的气味。

1米外的朋友		
食物	闻见味道的时间（单位：秒）	米/秒（1 ÷ 秒数）
切碎的洋葱		
醋		
蓝纹奶酪		
香草精		

2米外的朋友		
食物	闻见味道的时间（单位：秒）	米/秒（2 ÷ 秒数）
切碎的洋葱		
醋		
蓝纹奶酪		
香草精		

7. 计算出每种气味的扩散速度（参见上一页两个表格的第3列）。

刚刚发生了什么

气体分子一直处在运动之中，所以能够迅速地朝四面八方扩散。例如，组成空气的气体分子（氮气、氧气、二氧化碳和氩气），以及臭屁中所含的气体分子。分子们撞击着彼此、墙壁以及房间里的其他物体，并迅速扩散到整个房间。你之所以能够闻见味道，是因为有气味的事物——玫瑰、臭屁或湿漉漉的小狗——所包含的非常轻的微粒子扩散到了空气中，并且随着空气分子一起进入了你的鼻内。这些气味分子并没有想方设法地要进入你的鼻子。它们只是漫无目的地在空气中移动和撞击，从高浓度区域向低浓度区域移动，这种现象的官方学名叫"扩散"。当你放屁时，你肠道中的气体会通过你的肛门排出体外，在空气中飘荡（扩散），直到你或者其他人闻见它们的味道。

任何一种分子在空气中的平均传播速度都取决于它的质量和房间的温度。在相同的温度下，较重的分子的移动速度低于较轻的分子。查看你的表格，并比较你的实验结果。最先让你朋友闻到的气味很可能是由较轻的分子组成的，而那些需要更长扩散时间的气味所包含的分子相对较重。更重的分子需要更长的时间才能被闻到，但是，该分子的味道可能具有更长的持续时间，因为它的消散速度同样不快。

们一般使用聚酯薄膜制作闪耀的银色气球。他们使用强力胶带将内裤的腰部和大腿周围牢牢密封住，从而使内裤中充满了臭屁——类似于给自行车轮胎打气。有些内裤的裆部放置了"臭屁捕捉器"；有些内裤的裆部放了一个伪造的"臭屁捕捉器"（外观很像"臭屁捕捉器"，但是里面不含炭）；而另外一些内裤里什么都没放。随后，莱

让我们为来自英国的绅士——伯纳德·克莱门斯鼓掌。根据吉尼斯世界纪录，他是持续时间最长的屁的纪录保持者——2分42秒。下次，当你正在酝酿一个屁时，请拿起你的智能手机，点开秒表应用程序，然后记录放屁持续的时间。你的屁能超过伯纳德的吗？再来一个关于屁的小趣闻……尸体屁！伴随着肠道的不断腐化，尸体的肠道仍然能够分解奶酪。屁也可以阴魂不散！

写一份 放屁日记

记录下你整个周末食入的所有食物。在其中的一天，请食入大量富含硫黄的食物。多吃点大豆吧！尽情享受花椰菜的美味吧！喝一杯甜甜的苹果汁，再嚼一片无糖口香糖清新口气吧！你每放一个屁，就在当天的日记本上记上一笔，请注明屁是无味的还是散发恶臭的。你能发现塞进嘴巴的食物与身体排出的气体之间的因果关系吗？你是否注意到，当你食入富含硫黄的食物后，你放出的屁更难闻了？

请食入大豆或其他能够产生臭屁的食物，这样你可能就会成为放屁大王！查明哪些食物会使你放屁！

豆子屁

豆子具有超强的"造屁"功能。你食入的豆子越多，你放出的屁也就越多！

维特博士使用特殊的机器检测泄漏出来的气体。

"臭屁捕捉器"是有效的！得益于这个伟大的实验，我们的科学家研发出了更多先进的抑制臭屁的内裤。现在，你可以在商店买到内置了"臭屁捕捉器"和"臭屁消音器"的内裤。从此，没有臭味，也没有泄漏真相的噪音。我们还能买到专为捕捉糟糕气味设计的椅子坐垫。但是，除非放屁妨碍了你的社交生活，否则又何必如此费心呢？本杰明·富兰克林是美利坚合众国的开国元勋之一，他是支持"自由释放自己独特气味"（一语双关：自由表达情感）的。换句话说就是"请自豪地放屁吧"。

加 12—36 小时的等待时间

寒冷的臭屁

温度会影响气味的传播速度吗？在炎热的夏天，屁会更臭吗？在缺少专业的实验设备的情况下，我们是很难将你的屁捕捉进气球中的。因此，我们将使用更实用的替代品进行本次实验！

活动器材

- 2 个气球
- 某种具有气味的食物（醋、香草、蓝纹乳酪、橙子或切碎的洋葱）
- 漏斗
- 2 个可密封的容器（可密封的塑料袋或塑料容器），容器的大小既要能放下吹大的气球，也要能放入冰箱

1. 在每个气球中加入几滴或几块具有气味的食物。注意不要将食物沾到气球的外部。如果你使用漏斗，或请人在你加入食物时将气球口扯开一点，那就不会将食物沾到气球外了。

2. 将两个气球都吹大，在气球口打个结，然后分别将气球置于不同容器中，并封闭容器。

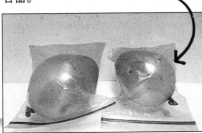

3. 将一个容器放入冰箱（或另一个非常冷的地方），另一个容器放在一个温暖的、最好是有阳光照射的地方。

4. 30 分钟后，将两个容器都打开，比较一下哪个容器的气味更重些。

刚刚发生了什么

你已经知道，空气是由多种处于运动状态的气体组成的。空气的温度越高，气体分子的移动速度就越快。这是因为它们拥有更多的动能（即运动的能量）。你应该已经发现，相较于更暖的容器，更冷的容器的气味要轻一些。由于更冷的容器内的气味分子的扩散速度低于更暖的容器内的气味分子的扩散速度，因此更冷的容器内的气体渗出气球的速度更慢，最终导致容器的气味更轻。你可能正在思索，气味是如何从密封的气球中泄漏出来的。空气能够逐渐从气球中泄漏出来是因为橡胶上有许多极小的孔，这也是所有的气球最终都会泄气的原因。在温暖的空气中，气味扩散的速度更快，是因为空气分子互相撞击的速度更快。也就是说，相较于冬天，夏天的屁会传播得更远，从而会被更多人闻到！

化石

的？另外，我们也不能忘记那些了不起的发现是科学家们踩着大堆的、已经石化的恐龙粪便找到的。让我们穿越回6600万年前的古代，开始研究讨厌的化石吧！

死得透透的

没有死去的动物或植物，就没有化石。当你在科学博物馆里看见一副高耸的恐龙骨架正俯视着你时，事实上，你看见的并不是骨骼。从根本上说，你眼前的只是代替了骨骼的化石。很惊人，对吧？在数百万年以前，当死去的恐龙开始腐化时，这些化石就开始形成了。

假设你是一只三角恐龙，你正沿着高高的山脊边走边给你最好的朋友发信息，丝毫没有注意到你前面是什么……哦，等等，6600万年前是没有智能手机的。好吧，我们再假设一次。你是一只沿着山脊一路小跑的三角恐龙，边跑边思索着中午要吃哪种蕨类植物，丝毫没有注意到你正前方的悬崖。你继续往前跑，你的一生在你眼前闪过，直到你坠落山底。雪上加霜的是，一场泥石流沿着山脊隆隆而下，将你永远埋在了山下。随着时间的流逝，你身体所有柔软的部分开始发生巨大的变化，例如，你的皮肤、柔软的肉体以及所有那些多汁的内脏器官。

好吧，你可能正在思考：化石有什么恶心的地方？它们并不令人作呕。实际上，它们还超级酷炫。但是，请想一想，一只生龙活虎的、流着口水的暴龙是如何从动物王国的统治者变成一大堆岩石般的骨头

加油挖！

对一些人来说，玩烂泥里的一堆化石的想法听起来相当恶心。我们打赌，你肯定不是其中之一！搜寻化石是非常好玩的，让我们卷起袖子开始挖吧！

活动器材

- 2 个矩形容器（例如，深炖锅或鞋盒）
- 4-8 杯泥土或盆栽土
- 模拟化石：鸡骨头、树叶、种子或小件的塑料玩具
- 细绳或牙线
- 纸张和铅笔
- 胶带
- 勺子
- 标尺
- 一把旧牙刷

1. 你和你的朋友各持一个矩形容器，这些容器将充当化石的挖掘场所。和你的朋友背对背，然后同时在各自的容器内撒上一些泥土，在泥土中放入一些模拟化石，然后再加入一些泥土将模拟化石埋藏好。重复这个过程，尝试交替分布泥土层和化石层。最后一层只加入泥土，使所有化石都被埋藏在泥土中。

2. 和你的朋友互换容器。

3. 当古生物学家处理挖掘现场时，他们会将其分割成一个网格。你和你的朋友请各自将两根细绳或牙线用胶带粘在容器的上方，将整个容器划分成四个面积相等的区域。我们将穿过容器较长一边的线称为"水平线"，而将穿过容器较短一边的线称为"垂直线"。我们将相等的四个区域分别称为"东北""西北""东南"和"西南"。

4. 用你的勺子开始挖掘其中的一个区域，动作要缓慢而细致。一次只挖浅浅的一层。请将挖出的泥土置于另一个容器中。当你完成实验后，你就可以将它们倒入你的花园中，或放回你妈妈最喜爱的盆栽中。

5. 终于，你发现了某个东西的踪迹。你可能会兴奋地将它挖出来，但请先在笔记本上绘制六列的表格，分别为"物体""位置""X 距离""Y 距离""深度"以及"长度"，并记录下你的发现。

所有的测量值均用厘米表示（这样便于计算）。物体指的是你找到的东西（例如鸡骨头）。位置指的是你发现的东西位于网格的哪个区域（例如西北）。X 距离指的是你发现的东西到网格左下角的水平距离（单位：厘米，例如 3.6 厘米）。Y 距离指的是你发现的东西到网格左下角的垂直距离（单位：厘米，例如 5 厘米）。深度指的是物体与线之间的高度。我们稍后会进一步讨论长度。

6. 用你的勺子小心地取出物品，然后用你的牙刷将它清理干净。（古生物学家们拥有大量的软毛刷，能够在不破坏化石的情况下清除灰尘和泥土。）测量你的化石的长度，并将其记录在你的笔记本上。

7. 针对其他三个区域，重复 4 至 6 的实验步骤。不要放过任何一块"化石"！

刚刚发生了什么？

你应该能够想象得到，真正的化石挖掘该有多么艰苦！古生物学家们在细化他们的研究发现时是极其认真的。正如你在刚刚的实验中所做的一样，他们首先会在挖掘场所制作出网格，然后会仔细记录下有关他们发现的每块化石的每个细节。对于重组死去很久的生物的骨骼来说，他们收集到的数据非常有用。只有这样，才能让生物化石的头部不至于安放在本该是它臀部的位置。

古生物学家们挖掘得越深，他们研究的时代就越古老。一般来说，更古老的化石埋得更深，而新一些的化石更靠近地表。一块化石与另一块化石的相对距离能够帮助科学家们推算出哪块化石更古老。这就好比，位于垃圾桶中部的香蕉皮的丢弃时间要晚于位于垃圾桶底部的口香糖包装纸，但早于位于垃圾桶上部的脏纸巾。运用相同的逻辑，科学家们通过勘察他们发现的化石的上部和下部的岩石的相对年代，推算出化石的年代。

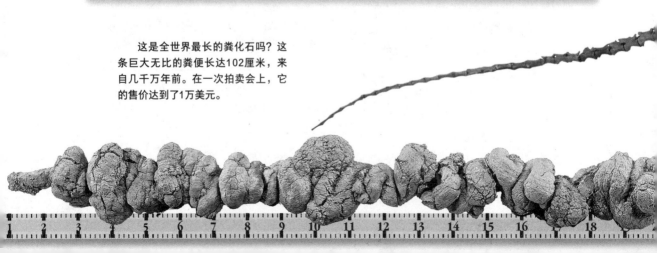

这是全世界最长的粪化石吗？这条巨大无比的粪便长达102厘米，来自几千万年前。在一次拍卖会上，它的售价达到了1万美元。

1. 在合适的环境中死去 不是每一具尸体都会成为化石的。事实上，能成为化石的尸体少之又少。通常，饥肠辘辘的动物、昆虫甚至细菌将啃噬掉尸体上所有柔软的部分，而那些坚硬的部分则会被腐蚀或分解，例如，骨骼、牙齿或外壳（如果该动物是海洋生物的话）。为了成为化石，动物们必须死在一个所有凶残的食肉动物都无法抵达的地方，并且这个地方会被迅速地掩埋起来，从而阻止尸体的坚硬部分被分解或腐蚀。如果一个动物掉入了泥坑、沥青坑或河底，那它就踏上了有机会成为化石明星的正确道路。

2. 彻底地腐烂 即使该动物深陷泥土中并浑身涂满了软泥，这个可怜的家伙还是会慢慢地腐烂。细菌和真菌会美美地大口啃噬它们，终于，它们的肉体和内脏器官全部消失不见，最终剩下一个骨架。残骸继续下沉，下沉后的环境中的泥土变得更加紧实了。这些泥土由非常细小的岩石构成，岩石中富含各种矿物质和化学物质，它们逐渐渗入到动物骨骼的空隙中。在接下来的数千年里，这些矿物质基本代替了骨骼，硬化成了岩石，并保留了原来的骨骼形态。在其他情况下，骨骼会被不断分解，并在岩石中留下一个空白的空间。通过填补这些空间，科学家们就能够获得曾经"沉睡"在岩石中的骨骼形态了。

3. 被发现 地球处于不断的变化中。河水干涸，变成了沙漠；大风呼啸，磨平了山脉；湍急的河流，磨损了岩石。斗转星移，曾经深埋的化石可能离地表更近了。此时，就看我们的运气和勇气了。化石是被人偶然发现的，或四处挖掘出来的，而发现它们的人通常是古生物学家。

23 24 25 26 27 28 29 30 31 32 33 34 35 36 37 38 39 40

快速化石工厂

30 分钟
加上大约1周的等待时间

化石的形成需要花费数千年的时间。但是，谁能等那么长的时间呢？在本次活动中，我们将以超快的速度重现这些地质的风貌，打造出一块高仿的化石。

1. 请一位成年人帮你用面包刀将海绵切成两个薄片。

2. 用剪刀将其中一个海绵薄片剪成一条史前鱼、恐龙或其他生物体的样子。

3. 在容器中撒入一些沙子，使容器底部不可视。将海绵置于容器中。你的海绵生物刚刚死去，并沉入了多沙的海底。接下来，它将成为一块化石。

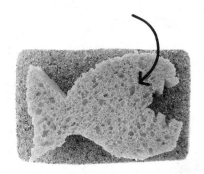

4. 最终，你的海绵生物会被沙子或其他物质覆盖。请加速覆盖过程，在海绵上倒一层大约 0.6 厘米厚的沙子，直至海绵完全隐藏在沙子中。

活动器材

- 海绵
- 面包刀
- 剪刀
- 平底容器，能够放下海绵即可
- 一两杯沙子
- 玻璃杯或茶杯
- 1 杯热水
- 4 汤匙的盐
- 勺子

5. 将一杯温度非常高的水和 4 汤匙的盐混合起来，用勺子不断搅拌，使盐尽快融化。将混合溶液缓缓倒在沙子上。富含多种矿物质的地下水正慢慢渗入一层层的沉积物中，从而促使海绵生物的遗骸发生变化。将勺子推入沙子和海绵中，挤出气泡，从而为盐水渗入沉积物创造出更多的空间。如果你感觉海绵还未完全浸湿，请再加入一杯盐水混合溶液。

6. 将容器置于一个温暖的（最好是阳光充足的）地方，要么放上 7 天，要么放上 7000 万年，哪个更方便就选哪个，总之要让沙子有足够的时间变干。如果沙子没有干透，也没有关系。但是，不要让容器中出现明显的水。

7. 一周后，将容器中的海绵挖出来，并轻轻挖出你的高仿化石。高仿化石摸起来可能还有点潮湿。（而一块真正的化石是不会出现这种情况的。）将化石置于沙面上，然后将容器置于一个温暖且阳光充足的地方。一两天后，化石就会彻底干透。恭喜，你拥有了一块松脆的人造化石，为自己自豪吧！

上方的压力巨大，动物周围的沉积物最终会变成石头。接下来，当海水不断渗入到动物体内时，动物的腐烂速度已经缓慢了很多。海水中所含的矿物质填补了动物尸体腐烂后留下的空间。最终，整具骨架都被矿物质代替，一块化石就这样形成了！

在你挖出海绵化石并使其变干后，你应该发现它已经变得比一周前坚硬得多了。当水分蒸发后，盐分被保留了下来。海绵的洞中形成了小小的盐晶，使海绵更像一块坚硬的石头。在现实中，形成化石的地下水包含了多种不同的矿物质（例如，二氧化硅、碳酸钙和铁矿石）。但是，现实中化石形成的过程和你的海绵化石形成的过程是一样的。

刚刚发生了什么

当一个死去的动物沉到海底，一般来说，它会被别的生物吞噬干净或逐渐腐烂。但是，在上述情况发生之前，如果该动物被足够的沉积物覆盖，那么，它就会被掩埋。由于沉积物

化石足迹学，这真是一个绝佳的名称。这门科学主要探索的是过去生物的生活痕迹——人类和动物遗留下来的，除了实际躯体以外的所有事物。化石足迹学家们致力于寻找各种各样的事物，例如脚印、巢穴、牙痕等。在这些事物中，最酷的要属身体排泄物了！那是什么？就是粪便的化石！发现一根恐龙腿骨当然很棒，但是，发现一条61厘米长、15厘米宽的恐龙粪便岂不是更酷炫？古生物学家们在加拿大西

部就曾发现过这样一条恐龙粪便。你将需要很多很多的厕纸才能将它擦干净。

粪便化石的官方学名叫作"粪化石"，它们存在于很多地方。古生物学家们在智利南部的一个洞穴里面就曾发现过一堆9.1米高的恐龙粪化石。这堆圆顶状的粪便有三层楼那么高。你想不想要佩戴一串粪化石首饰？市场上的确有一种叫作"玛瑙粪化石"的宝石，它是由经过多次切割和抛光的粪化石制成的。

如果你认为只有恐龙和乳齿象才会遗留粪化石，那就请你打开脑洞再想想。2014

年，科学家们在西班牙发现了 5 万年前的尼安德特人遗留下来的排泄物。除此之外，科学家们还在得克萨斯州的汉德斯洞穴后面发现了另一个粪化石的遗址。在那里，大约有 1000 多块远古人类的粪便，这些粪化石的"年龄"大约为 8000 岁。很明显，那儿曾经是史前人类的一个茅厕。对于科学探索和研究来说，这些粪化石是相当有趣的。通过研究粪化石中所含的物质，科学家们能够推算出，在很久以前，恐龙、鹿以及我们亲爱的祖先们是以哪些食物为正餐的。

这只鸵鸟只是在制造一块未来的尿石！

史前小便池

说完粪便就结束了吗？那小便呢？毕竟，恐龙和其他已灭绝物种也需要小便，难道不是吗？一些聪明绝顶的古生物学家已经发现了尿石——从根本上说，就是现已灭绝的尿量巨大的大型生物在土壤中挖的洞。某个古生物学家甚至根据他的多个发现计算出了恐龙膀胱的大概尺寸，以及撒到地表的尿量和撒尿的高度。请相信我，当这个家伙撒尿时，你绝不会想要站在它的身下。

许多科学家都认为鸟类是恐龙的后裔。鸟类的骨骼结构和某些恐龙的骨骼结构是相似的，它们的蛋也是如此。但是，鸵鸟（它看起来确实有一点儿像史前动物）和恐龙的相似点则不同——它们的相似点在于排泄物都呈喷射状。古生物学家发现的干涸石化的恐龙小便池和现代鸵鸟的排泄物是非常相似的。唯一的不同点在哪里？排泄时间相差几百万年而已！

骨骼大部队

想要从事一份有趣的工作吗？那就成为一名化石猎人吧！你甚至不需要长大成人就可以从事这份工作了。当英格兰的玛丽·安宁只有十几岁时，她就发现了鱼龙化石。这个女孩出生于 1799 年，她拥有敏锐的洞察力和极强的好奇心。她经常在家

小心来自"鸡"的攻击

假如你在进行一次时空之旅,回到6600万年前安祖生活的年代,将会发生什么事情呢?总之,请务必小心"来自地狱的鸡"。

现了安祖的化石。虽然达科他州是地球上发现最多恐龙化石的地区之一,但是在这之前这种大鸟的化石是从未被发现过的。"这种体型巨大,长相奇特且独一无二的动物的化石巧妙地隐藏在了我们重点探究过的几组岩石中,这说明那里还有更多的安祖化石等待着被发现",来自匹兹堡卡内基自然历史博物馆的马修·拉曼纳这样说道。

附近的悬崖上探险,于是发现了各种各样的侏罗纪时期的化石。长大后,她成为有史以来最著名的化石猎人之一。而在2008年时,年仅5岁的艾米莉亚·福伯特也发现了一只巨大的犀牛椎骨化石。据测,这只犀牛生活在5万年前的地球。

如果你仔细搜寻,谁知道你会发现什么。世界上依然有各种各样的数百万年前的化石等待被发现。有时,它们揭示了无人知晓的某种恐龙的存在——例如,安祖。研究员将这种最新发现的恐龙称为"来自地狱的鸡"。想象一下:一个浑身长满了羽毛、高约2.4米、还长着锋利爪子和喙的生物。我敢打赌,安祖下的蛋能够制作出超级大的煎蛋卷!科学家们在达科他州发

恐龙已经被埋葬了几千万年。然而,为我们所熟知的恐龙化石都是大约150年前才被发现的。这是因为什么呢?横贯北美大陆的铁路完工了,连通了美国大西洋海岸和太平洋海岸,使去往美国西部的交通更便利了。事实证明,堆积着大量巨石的犹他州、科罗拉多州和蒙大拿州是发现恐龙化石的绝佳场所。蛮荒的美国西部是地球上已知最大的恐龙墓地。

在美国内战结束后的数年间,古生物学家爱德华·柯普和奥塞内尔·马什在整个美国西部不知疲倦地挖掘出大量的恐龙化石。他们一边挖掘化石,一边试图结束对方的生命。柯普和马什都想成为恐龙化

133

乳齿象是一种大型生物，看起来就像是包裹着廉价长毛绒地毯的大象。4万年前的某一天，阳光明媚，空气中弥漫着浪漫的气息。一头乳齿象思慕着另一头刚搬来附近的乳齿象。这头新来的乳齿象很有魅力，但可惜的是，它忘记看脚下的路了，突然就陷入了黏糊糊冒着泡、滚烫的拉布雷亚沥青坑中了。事实上，有超过30万只动物都曾陷入过拉布雷亚沥青坑。这个沥青坑现在位于加利福尼亚州的洛杉矶市中心。（顺便提一下，拉布雷亚在西班牙语中的意思是"焦油"。所以，说拉布雷亚沥青坑就像是在说焦油沥青坑。）

拉布雷亚沥青坑位于一个小型石油地下湖之上。石油沿着地表的裂缝不断往上冒，当石油到达最上部，就形成了液态沥青坑。数万年来，不计其数的树叶和植物被吹到这个黏糊糊的沥青坑中，所以，整个沥青坑看起来就像是干燥的陆地。各种可怜的动物就这样一不小心踏入了沥青坑中。乳齿象、地懒、骆驼、惧狼以及凶猛的剑齿虎也许自认为是无所不能的。但是，当它们的脚陷进沥青坑中，即使是拥有锋利的牙齿也无济于事。对于所有这些生物来说，拉布雷亚沥青坑就是它们生命的尽头！我们如今能够在拉布雷亚博物馆中看见的各种化石全是在沥青坑中发现的。

在电影明星的世界里，这头仿真乳齿象已经准备好拍摄它的特写镜头了！

石的发现之王——在发现新品种的数量上超过对方。简单来说，他们从最初的朋友变成了互相憎恨的敌人。他们对科学的态度变得草率，为了更快地发现化石，他们甚至在挖掘现场使用炸药。如果赢得恐龙化石大战意味着偷窃、欺骗和毁坏，那一切又有什么意义呢？在重组一只海底恐龙时，柯普错误地将头骨粘在了尾骨的末端（哎呀！），马什开心得手舞足蹈，并不遗余力地确保每个人都知道柯普犯下的这个错误。

当一切尘埃落定，他们最终都落得身无分文且一事无成。不过，他们都发现过什么呢？第一只雷龙、剑龙、异龙、三角恐龙以及各种各样的史前野兽！他们发现了一百多个新的恐龙品种！但是，为了不让化石落到对方的手中，他们宁愿将化石故意打碎。柯普和马什两个人都才华横溢，在他们把聪明才智用在尽一切努力击败对方的同时，他们失去了大量极富价值的化石。所以，请告诉自己——永远都必须尊重科学，同时与你的同事合作，否则的话，你很可能会成为一个科学笑话。

古生物学家们仍然在不断挖掘着各种各样了不起的生物化石。最近，他们在同一个地方找到了三只几乎保存完好的三角恐龙化石。由于三角恐龙分布在一起的情况很少见，因此科学家们对该发现惊讶不已。你认为这三只恐龙曾经究竟发生了什么？独居生物为什么会突然聚集到了一起？它们是组成了一支摇滚乐队吗？还是组了一支三只恐龙的雪橇队？发现消失已久的生物遗骸是相当有成就感的一件事，但是弄明白它们是如何生活和灭绝的，对古生物学家们来说是一个巨大的飞跃。关于这三只三角恐龙，古生物学家们认为它们是不幸的受害者。它们很可能遭遇了一群饥肠辘辘的暴龙的捕食，暴龙们将这几只受害者围堵在一起，然后享用了一顿丰盛的野餐。所以说，其实每块化石在都讲述着一个故事。

古生物学家们一直在思索为什么所有的恐龙最后都从地球上消失了。他们中的大部分人认为，恐龙的灭绝极有可能是因为一颗来自外太空的陨石撞击了地球。就在墨西哥沿海地区，有一个约180千米的巨大陨石坑，据估计，这个陨石坑大约是在6600万年前形成的，这正好和恐龙突然灭绝的时间相吻合。这次的撞击大大提升了地球的整体气温，使地球变成了一个巨大的烹饪恐龙的烤箱。另外，这次的撞击可能还向大气中喷射了大量遮天蔽日的尘土。没有阳光，植物相继死去；植物不够吃，于是，食草性动物相继死去；没有食草性动物，食肉性动物也就难逃厄运。最终的结果是，所有生物都没有食物，包括恐龙。还有一些科学家则认为，全球范围内喷射火山灰的火山才是恐龙灭绝的罪魁祸首。

关于化石，还有很多有趣的知识。但是，我们还有更多其他有趣的主题。一些非常有趣的东西正潜伏在所有这些发现化石的泥土中！请继续往下读！

想要成为一位古生物学家吗？请先学会有耐心！

真菌

想象一下：有一个体型巨大的怪物，相当于 1665 个足球场那么大。我敢打赌，你肯定不想在一个漆黑的小巷中遇到一个体型如此巨大的怪物！它的体重在 7000 吨到 3.5 万吨之间。它至少有 2400 岁，一些科学家认为它甚至可能接近 8600 岁。那需要在生日蛋糕上插一大堆的生日蜡烛。不仅如此——这个家伙还是一个杀手，它摧毁了美国和加拿大部分地区大片的树木。但是，它隐藏得又那么好以至于你很少看见它。这个奇特无比又令人匪夷所思的生物究竟是什么呢？是时候与一些有趣的家伙一起出去玩玩了。不！等等！我们说的有趣的家伙是真菌！

泥土中的居民

除非你是一名生活在窑洞中的读者，否则，你肯定住在地面上一座干燥、光线良好且能够为你遮风挡雨的房子中。但是，自然界中还存在另一种不同的生命形式，这种生物喜爱潮湿、黑暗的环境。它们就是真菌——一个拥有 150 多万种不同物种的神奇的生命国度。

蘑菇是真菌家庭中最著名的成员，你肯定已经吃过一些铺在比萨上的蘑菇了，或许你还曾见过一朵蘑菇从潮湿的土壤中破土而出。当你看见一朵破土而出的毒菌时，你看见的部分是真菌的"子实体"。土壤之下还发生着更多有趣的事情。关于这点，我们稍后再详细说明。

蜜环菌，名字听起来很甜美，但是它们能够耗尽整棵宿主树木的生命。

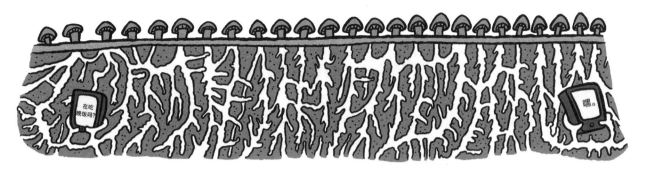

没有真菌，我们就有大麻烦了。它们承担着许多重要的工作——与它们的分解伙伴（如细菌、霉菌等）一起，分解坏死的生物。当死掉的植物或动物只剩下一小堆其他生物能够加以利用的营养物质时，真菌们就可以饱餐一顿了。它们是大自然的回收站。要不是真菌们，整个世界将会被成堆的动植物的尸体覆盖。真是一团糟！它们只能静静地躺着，而且，它们还会散发出阵阵恶臭。

另外，如果没有真菌，树木可能也会不复存在。这是因为，真菌经常分布在树木的根部附近，为树木的生长提供重要的营养成分。但是，反之，不适当的真菌种类能够给整座森林引来厄运。

让我们再聊聊一些地下怪物吧！这种巨大无比的生物，也是地球上最大的有机生物体，叫作"蜜环菌"（学名：奥氏蜜环菌）。噢，蜂蜜听起来甘甜而美味！但是，如果你是一棵矗立在俄勒冈州蓝山上的冷杉，一切就不一样了。蜜环菌对你来说就是最可怕的噩梦。那么，真菌是如何变得如此巨大无比的呢？它又是如何杀死别的生物的？它到底是什么呢？

为了了解发生了什么，我们需要探究一下土壤下的情况。所有的真菌都会将大

通过化石研究，科学家们发现，3.5亿多年以前（几千万年以前，恐龙曾在我们的地球上嬉戏玩闹），地球上最大的生物是长得像尖枪一样而又巨大无比的名为"原杉藻属"的真菌。将三四个NBA球员依次堆叠，你就能大概了解这些纤细的真菌塔的高度了。

137

泡沫状真菌

虽然酵母是一种极小的真菌，但是它们能够制作出巨大的玩具！以下就是证据：一大堆壮观的、泡沫状的物质。我们有时将它称为"大象的牙膏"，因为泡沫实在是太多了。

 活动器材

- 泡沫状真菌
- 面包酵母（在杂货店的烘焙区以小包出售）
- 温水
- 小碗
- 勺子
- 安全防护眼镜和一位成年人
- 容量为 468 毫升或 585 毫升的空塑料苏打水瓶或矿泉水瓶
- 漏斗
- 3% 过氧化氢溶液（任何药店均有售）
- 带边的大号饼干托盘或大号蛋糕烤盘
- 液体洗碗皂
- 食用色素（史莱姆绿色永远都是一个有趣的选择）

1. 取一个小碗，加入一小包酵母和 3 汤匙的温水，用勺子搅拌均匀。

2. 戴上你的安全防护眼镜。将塑料瓶置于饼干托盘或烤盘上，然后请一位成年人用漏斗将半杯过氧化氢溶液倒入塑料瓶中。

3. 现在轮到你了：将 1/4 杯的液体洗碗皂和少许你最喜爱的健康食用色素倒入塑料瓶中。轻轻摇晃塑料瓶，使其中的所有配料混合均匀。然后，将塑料瓶置于饼干托盘上。

4. 静候 4 分钟，然后利用漏斗将酵母水倒入塑料瓶中。准备好迅速移除漏斗，然后往后退！一大堆泡沫将喷涌而出。

刚刚发生了什么

水的化学式是 H_2O，这意味着水是由两个氢原子和一个氧原子构成的。过氧化氢也是由氢原子和氧原子构成的。但是，由于具有的原子数不同，它是一种与水截然不同的化学物质：它的化学表达式是 H_2O_2。从生物学的角度来说，过氧化氢是一种危险的化学物质，因为它能导致细胞的分裂。更糟的是，生物会本能地制造过氧化氢。没错，你体内的细胞正一边将你摄入的食物转化成有用的能量，一边制造过氧化氢！所幸的是，生物也会制造一种叫作"过氧化氢酶"的化学物质。它能将过氧化氢转化成安全得多的化学物质——水和氧气。

这些小颗粒的面包酵母就是活性真菌。在合适的条件下，酵母就像是一家生产过氧化氢酶的工厂。当密封在包装袋内时，酵母小家伙处于睡眠状态——慵懒地打着瞌睡——但是，温水能够使它们苏醒。当你将它们加入过氧化氢后，酵母中的过氧化氢酶就会快速将过氧化氢转化成氧气和水。所有的氧气都被困在了洗碗皂里，于是制造出了大量泡泡。另外，该化学反应还是放热的，意思是它能够制造热量。如果你触碰泡沫，它应该是热的。（但是，事后记得洗干净你的爪子，以免泡沫中残留的少量过氧化氢伤害到你的手。）如果使用浓度更高的过氧化氢溶液，制造出的泡沫就会更多。如果你的家长愿意参加，那就试试浓度为 6% 的过氧化氢溶液吧。（美发店可能有售。）安全起见，探索结束后请将你的制造物冲进下水道。

量叫作"菌丝"的微小白色管状分支散发到土壤或腐木中。它们利用菌丝寻找和摄取食物。菌丝交织在一起形成一个叫作"菌丝体"的蕾丝状精密网络。实际上，组成菌丝体的管状菌丝非常小。想象一下：你现在正拿着一个边长仅为 2.5 厘米的小立方体。取一些生长了大量真菌的土壤，装满立方体。如果你小心地将小立方体中所有的管状菌丝一一挑出，然后将它们首尾相连，那么它们将达到约 13 千米长！但是，每根管状菌丝又是如此的纤细，仅凭肉眼你甚至连一根也看不见！下次，当你走进一片蘑菇丛生的区域，脚下正踩着的就是数千米紧密结合在一起的菌丝体。如果你将一段朽木翻转过来，或剥下一个腐烂树桩的树皮，你也许能看见一些发白的、蜘蛛网似的菌丝体。（永远不要剥下活着的树木的树皮，这会对树木造成伤害甚至致其死亡。）

菌丝体是组成真菌的主体。你常吃的蘑菇是真菌的子实体，且只会出现在一年中的特定时期。因此，大多数时候，你并不知道那些潜伏着的"有趣家伙"。有些真菌只有微小的菌丝体。但是，也有一些真菌具有可以延伸数千米的巨大菌丝体，例如，蜜环菌。在俄勒冈州的一些地方，树木不断地死去。科学家们检测才发现，这里存在一个巨大的、向四面八方延伸数千米的生物体——蜜环菌！俄勒冈州蜜环菌的巨大菌丝体各个部位都与地下相连，且各个部位几乎是一模一样的。所以，下次有人问你全世界最大的生物体是什么时，不要回答蓝鲸（虽然蓝鲸仍然是体型最大的动物），回答奥氏蜜环菌！

　　人们认为大部分真菌都是有益于植物生长的。令人惊讶的是，一个菌丝体能够通过菌丝进行交流，并能帮助植物通过菌丝进行交流，就像是一支配备了无数个无线对讲机的军队，也有点像互联网。实际上，科学家们将它称为"树林万维网"。他们发现，菌丝体能够在不同植物间传递化学信息甚至营养物！但是，也有一些真菌菌丝体能够传播毒素。（另外，对于人类来说，许多蘑菇也是有毒的，所以，千万不要食用未知品种的蘑菇。）蜜环菌的菌丝体通过在树皮内向上攀爬，偷走水分和营养物，杀死一整棵树。当树木终究难逃一死，蘑菇就会将其分解，让自己长得更高更大。如果你是一棵冷杉树，最好不要在这头真菌野兽的附近扎根！有趣的是，随着科学

家们对蜜环菌的了解越来越多，他们渐渐意识到它可能并不是一个彻头彻尾的坏家伙。腐烂的树木同时也为新生的树木和其他树木的生长提供了大量的营养物质。因此，通过该方式，这种古老的真菌杀手使整座森林变得更加多样化。

脚趾间的真菌！衣服上的真菌！

　　既然你不是生长在俄勒冈州的一棵冷杉树，那就让我们谈谈真菌是如何影响人类的吧。事实上，如果我们生活在没有真菌的世界中，我们的处境会更糟。真菌能够为我们提供细菌杀灭器，如盘尼西林等抗生素。我们甚至不需要从我们每天所吃的食物开始说起，更别提奶油蘑菇汤或酿蘑菇。没有酵母，我们就制作不出面包。酵母是一种微小的真菌，能够发面，并赋予面包以柔软而蓬松的美妙口感。没有酵母，你就只能吃涂了花生酱和果酱的易碎饼干了。

　　另一方面，真菌中的寄生菌就不是那么有趣了！自然界中大约有300种能让你变得凄惨不堪的寄生菌。在一定的条件下，它们会造成皮肤感染，例如，手癣和足癣。某些真菌能够造成肺部损伤，引起其他讨厌的疾病。另外，它们是一群顽固

的小家伙，不易被杀死。所以，如果你患上了某种真菌性疾病，就可能很难治愈。它们还能攻击某些植物，窃取它们的营养物质，破坏有价值的作物。例如，黑麦和番茄。

它们是土壤中最快乐的，不断腐蚀着树叶或朽木等有机物的生物体。对于这种喜爱黑暗和潮湿的生物体，你还想知道些什么呢？

亚历山大·弗莱明

盘尼西林是一种由霉菌制成的特效药。它是第一种真正意义上的抗生素，能够对抗细菌感染。毫无疑问的是，它确实已经拯救了数百万条生命。但是，盘尼西林的发现却是一个有关脏兮兮的餐盘、死耗子、冻干的尿液以及一个产自伊利诺伊州的皮奥里亚的烂甜瓜的故事。你可能听说过于1928年"发现"盘尼西林的一位苏格兰人——亚历山大·弗莱明。当然，事情从来不会如此简单。很早以前，科学家们就知道某些霉菌具有对抗细菌的能力，但是，他们一直没有弄明白其工作方式和原理。

当时的弗莱明先生是一个不爱干净的男人。他准备去外地度过他的夏日假期。但是，在出发前，他只是草草地用水冲了下他的培养皿。当回到家中，他惊讶地发现，其中一只培养皿上出现了一团难以名

状的霉菌，它之前是绝对不存在的。更重要的是，这团霉菌杀灭了它周围一圈的细菌。简直太酷了！弗莱明想尽了办法，但还是没弄清楚应该如何提取这种霉菌以及如何将其制作成一种可以救命的有效药物。他制作了大量的"霉菌液体"，但是他的调和物几乎毫无用处，他最终只能放弃。

时间飞逝，到了1939年。一场可怕的战争——第二次世界大战——席卷了整个世界。位于英格兰牛津大学的一组科学家阅读了弗莱明有关盘尼西林的研究报告。在第一次世界大战中，因感染致死的士兵比死在敌人武器之下的士兵还要多。到了第二次世界大战，它们仍然威胁着全人类的生命，于是，科学家们决定再次进行实验，验证盘尼西林是否能够治愈细菌感染。这支队伍是由霍华德·弗洛里教授和恩斯特·柴恩带领的。但是，想出盘尼西林的

课外实验

霉菌动物园

你不会喜欢与老虎在它动物园的居住区里一起闲逛，但是，从围栏的另一边观察老虎真的很有趣。发霉的食物也一样——吃起来很恶心，但是隔着安全距离观察它却是很酷的。让我们一起打造霉菌动物园，然后研究一下温度、盐和糖是如何影响霉菌的生长的。

活动器材

- 6 个自封塑料袋
- 小刀和勺子
- 以下食物各 6 片：面包、奶酪、你选择的水果（例如，草莓、橘子以及切开的葡萄）、你选择的蔬菜（例如，密生西葫芦、黄瓜以及柿子椒）
- 盐
- 糖
- 胶带
- 永久性马克笔

1. 将你接下来要做的实验告诉一位成年人。你正打算制造一些发霉的食物，但是你不想吓到任何一个无辜的、不知情的成年人——或是用他们新买的食物进行今天的霉变实验！

2. 在其中两个塑料袋上写上"盐"，另外两个塑料袋上写上"糖"，最后两个塑料袋上写上"对照组"。（注：对照组是实验中用来和其他实验结果做比较的单元组。）

3. 在一位成年人的帮助下，将一些面包、奶酪和水果切成片，使其适应塑料袋的大小。每个塑料袋都将装有所有种类的食物，所以，每种食物都需要 6 片。

4. 用勺子在食物表面洒上一些水，让食物变得潮湿点。（霉菌喜欢潮湿。）

5. 将每种食物加入每个塑料袋中。在标有"盐"的塑料袋中，将大约 1 汤匙的盐撒在食物上。在标有"糖"的塑料袋中，将大约 1 汤匙的糖撒在食物上。摇晃塑料袋，让盐和糖分布得更均匀。对照组袋中不需要加任何东西。

对照组
阳光充足的窗户下

6. 将塑料袋密封起来。还有一个额外的预防措施就是，你可以在密封处贴上胶带，确保万无一失。请保证，绝不会再次打开这些塑料袋，以免你培养出某种非常危险的霉菌！

7. 将一组对照袋、盐袋和糖袋置于冰箱中。将另一组塑料袋置于阳光充足的窗户下。猜想一下哪个塑料袋将培养出最多的霉菌。

8. 在接下来的 2 ～ 3 周，仔细观察塑料袋中培养出了哪些类型的霉菌。通过拍照或画画来记录霉菌的生长。在你塑料动物园中的食物上，你最有可能看见一些长着绒毛的白色、蓝色或绿色的生命形式。但是，所有塑料袋中的霉菌数量和类型都是一样的吗？

9. 大约三周后，是时候与你的霉菌朋友告别了。千万不要打开塑料袋，将它们扔进屋外的垃圾桶中。

对照组
阳光充足的窗户下

刚刚发生了什么

霉菌遍布于各个角落，因为它们主要通过生成微小的孢子（微小的似种子的物质）进行繁殖。这些孢子将飘浮在空气中，然后随意落在不同的表面上：你的衣服上、你的枕头上、你的头发上以及你的食物上。孢子需要三个条件才能形成霉菌：食物、湿度以及温度。你所有的塑料袋中都装有足够多的食物，但是温度和湿度各不相同。

你置于阳光充足的窗户下的霉菌动物园就像是孢子的温泉浴场。它们具备了所有适合霉菌疯狂滋生的条件。你很可能已经注意到，相较于其他塑料袋，冰箱中的塑料袋中的霉菌生长速度更慢。这是因为霉菌不喜欢寒冷。

在窗户下的三个塑料袋中，你的糖袋和盐袋中的霉菌数量应该是相对较少的。这些普通的化学物质能够使它们接触到的食物脱水，使食物变干，从而抑制了霉菌的生长。事实上，在古代，我们的祖先是使用盐和糖来保存食物的。科学家们已经发现，盐和糖能够限制霉菌生成它生存所需的化学物质，甚至能够破坏真菌的DNA。除此之外，盐和糖吃起来是如此的美味，这也是我们数千年以来在食物中加入盐和糖的另一个原因！

不同种类的霉菌喜欢不同的食物。你大概注意到了，面包上长出了一种白色霉菌。如果你将其多放几天，你可能会看见一些小小的黑点，这就是孢子。它们已经准备好自由飞翔，制造出更多的霉菌了，但是，前提是得你打开塑料袋，但你不会！

这并不是你希望在你的午餐盒中找到的东西，对吗？

提取和提纯以及大规模生产方法的是他们年轻的同事诺曼·希特利。

英格兰陷入了战争状态，所有东西都变得稀缺。在实验经费极其匮乏的情况下，希特利开始在他能找到的任何容器中培养盘尼西林霉菌，从旧饼干盒到破旧的医院便盆。很快，实验室里到处都堆满了各种容器。到 1940 年 5 月 25 日，他们终于培养出了足够多的盘尼西林来进行一次实验。他们给老鼠注射了致命剂量的杀伤性细菌，但同时，他们也给其中一半的毛茸茸的小家伙注射了盘尼西林。在接下来的数小时里，那些未经治疗的小老鼠们逐个倒下并死去，但是那些注射了盘尼西林的小老鼠存活了下来。

是时候在人类身上进行实验了。我们需要约 2000 升的霉菌培养液才能提取出治愈一个人所需的纯净盘尼西林。（想象一下将 1000 瓶大瓶装的苏打水排成一行，你就知道你需要多少霉菌培养液了！）盘尼西林在杀灭细菌后会通过尿液迅速排出体外。为了更好地利用他们的盘尼西林，他们会将病人的尿液收集起来，净化，然后再次注射。真恶心！但是，盘尼西林似乎依然有效！一个病人的身体逐渐开始好转了。不幸的是，实在没有足够的盘尼西林来治愈他，但至少科学家们知道了盘尼西林是有效的。

战争愈演愈烈，科学家们担心英格兰可能会落到敌人手中。他们认为，药物必须被保护起来！希特利总是那个富有创造力的人，他想到了一个办法。如果被入侵在所难免，他们就要烧毁他们所有的研究论文，将盘尼西林孢子涂满他们的夹克，然后"穿着"他们的研究成果逃离该国。幸运的是，他们最终不需要这么做。尽管如此，随着战争的升级，研究经费彻底断了。于是，他们去了美国，希望在海外继续他们的盘尼西林研究。幸运的是，希特利的一位美国同行玛丽·亨特在伊利诺伊州皮奥里亚的一个水果市场上偶然发现一只发霉的甜瓜。结果，那只甜瓜中包含了一种超强的盘尼西林菌株。同时，人们还发现了增强孢子的新方法：用 X 射线和紫外线先后辐射霉菌能够增强孢子的效力。最后，我们才得以生产足够多的盘尼西林来治疗某个被感染的病人。哇，这真是团队精神！

后来，弗莱明、弗洛里和柴恩都获得了诺贝尔奖——科学界最大的奖项。但是，安静且极富创造力的希特利却什么也没得到。实际上，他才是想出该药制造方法的人。这简直太不科学也太不公平了！不过，至少他可以用这样一个事实安慰自己——他的努力拯救了数百万条生命。现在，你就知道了盘尼西林的来历以及它的幕后英雄！

真菌听起来似乎相当恐怖，但是，也许你和这些生物体具有很多共同点，而这点你自己可能都没意识到。你更喜欢温暖的天气吗？你现在知道了吧，真菌也是和你一样。你需要吃东西吗？动物（包括你）和真菌都是异养生物。和植物不同，植物能够依靠自身生产所需的食物，而异养生物则需要通过吃东西获取营养。我们通过将食物放入口中获取营养；但如果你是霉菌，你就需要躺在你的食物之上，然后分泌出化学物质分解你的晚餐。随后，被分解后的晚餐就会被你的身体吸收，就像一块干燥海绵吸收水分。听起来很有趣吧！你能想象自己躺在一块比萨上，然后让比萨中的营养物质慢慢渗入你的皮肤吗？

说到比萨，当你将剩下的比萨皮和包装盒扔出门外后，它们会被送往何处呢？下一章：垃圾！

垃圾

嘿，你！是的，就是你，刚刚将那个苹果核、那张全是鼻涕的纸巾以及那个空的果汁盒扔进垃圾桶的小孩！（你确实已经将它们都扔进适当的垃圾桶中而不是人行道上了，对吧？）你认为你一天会制造出多少垃圾？据环境保护署（环保署）报道，美国人平均每天制造2千克的垃圾。其中大约三分之一会被制成堆肥或回收利用（稍后会进行详细阐述）。这意味着，一位典型的美国人每年会使垃圾场新增略多于455千克的垃圾。大量散发着恶臭的垃圾都被堆在了地球表面！

当你将某个东西扔进垃圾桶时，你最好停下来想一想。就你而言，垃圾是一去不复返了。但真相是，对于垃圾来说，并没有真正意义上的"消失"。你用来擦鼻涕的纸巾只不过是被转移了。那么，它被转移到哪里了呢？

转移到了垃圾场、垃圾场、还是垃圾场！

让我们假设你是一张用过的婴儿尿片。（呃！）你被扔进了垃圾袋，然后被拖到了路边。你静静地坐在那里，周围都是你的垃圾朋友。突然，你发现自己被粗暴地投进了一辆巨大、嘈杂且散发着臭气的垃圾车的后部。垃圾车的内部不适合心脏不好的人（或者鼻子不好的人）。

一旦你被装进了垃圾车，车上就会弹出一把大铲

如果我们继续污染我们的地球，总有一天，我们可能都需要佩戴防毒面具！

垃圾场进餐：对于一些生物（包括海鸥）来说，垃圾场是一家高档餐厅。

子，将你猛推到垃圾集装箱的后部。随着垃圾越来越多，垃圾车的顶部会时不时降下一个叫作"压实器"的大块金属，压平不断变高的垃圾堆。哎哟！一辆垃圾车平均能够容纳 12 吨到 14 吨垃圾——大约相当于 800 到 850 个家庭产生的垃圾量。将你的鼻子凑到存放了一周的垃圾旁闻一闻，你就能想象出垃圾车内的味道了。

当垃圾车装满后，它会驶往一个垃圾填埋场。在那里，它可能需要在一个巨大的秤上称重。这是因为，一个垃圾填埋场能够处理的垃圾量是有限的。（另外，该垃圾填埋场可能会按照你投放的垃圾的吨数向你所在的城镇收取一定的费用。）一旦你抵达了垃圾填埋场，垃圾车底部的机械装置将倾斜巨大的垃圾集装箱，接着你就会被倒出来！但是，你的臭味冒险还远未结束。

垃圾填埋场不同于垃圾堆。垃圾堆只是一大堆垃圾，而垃圾填埋场是一个现代化的工程壮举，布满了管道和衬垫，并容纳着各种腐烂的东西。

1. 挖一个大坑

你即将在里面填满大量的垃圾，所以，请确保这是一个大坑！

2. 在底部铺设防水衬垫

垃圾填埋场的一个重要目标就是防止有毒的化学物质或含细菌的水进入我们的饮水供应系统。通过在大坑的底部铺设大约 0.6 米厚的黏土、一层塑料衬垫以及约 0.6 米的沙子，垃圾填埋场就能有效地保护地下水（指在地下流动的水）。这也是为了防止渗滤液——从垃圾中渗出的液体——进入地下水。被压缩的垃圾本身也会泄漏流体。如果发生了泄漏，它会污染许多城镇的饮用水供应或个人饮用井。谁也不希望自己的饮用水中包含蓄电池酸液、臭鸡蛋、婴儿大便或防冻剂。

3. 制定规划

你需要充分利用你能够利用的空间，这样，整座城市才不会到处都是垃圾填埋场。制作一个网格，为每天的垃圾划分一个特定的堆积区域（单元格）。一个典型的单元格能够容纳 500 吨垃圾。一旦某个单元格被装满了，重型机械（例如，推土机和压路机）就会驶入，压碎垃圾，从而使其变得更加紧实。然后，我们会在所有的垃圾上铺上一层数米厚的土壤，进一步压紧垃圾。

4. 收集所有的液体
塑料排污管会吸取所有的雨水、融雪水或渗滤液，然后将其转移到一个远离垃圾的特殊池塘中。我们将在池塘中对这些液体进行处理，直到液体能够被安全地排放到河流中。

5. 建立地下水监测站
在垃圾填埋场附近挖一些水井，检测地下水中是否渗入了有毒废弃物。如此一来，在某人打开水龙头并取一杯污染水之前，你就能立刻知道是否存在泄漏。

6. 收集垃圾臭屁
在垃圾场，细菌都是成群结队地四处闲逛，它们在分解垃圾上发挥了重要作用。副产品就是垃圾分解产生的大量废气——大约一半的甲烷，一半的二氧化碳以及少许的氮气和氧气。在一些垃圾填埋场，我们用一连串的管道将甲烷气体收集起来，用作燃料或进行焚烧发电。

7. 覆盖起来
当垃圾填埋场达到一定的容量（这大约需要 30 年），我们会在这座垃圾山上铺设最终覆盖层。中间覆盖层的铺设方法基本和最初衬垫的铺设方法一致。最终覆盖层由另一层黏土、一层塑料衬垫和两尺厚的土壤组成，通常还会

课外活动

每天，至少持续1个月

成堆的垃圾

警告你的家人！在接下来的一个月，你将充当你家的垃圾检查员。是的！整整一个月！你将收集一些数据，关于你家扔出的垃圾的重量。一旦你收集到了该数据，你能减少你家的垃圾量并提高资源回收率吗？

活动器材

- 托盘秤
- 纸张
- 铅笔
- 计算器
- 你的垃圾桶、资源回收桶和堆肥桶

1. 将托盘秤移到厨房垃圾桶附近，这样可以提醒你在接下来的一个月给家庭垃圾称重。（相较于一周的测量数据，30 天的测量数据更加准确，因为你这周扔出的垃圾量可能大于下周的垃圾量。）

2. 取一张纸，在上面绘制一个表格。表格共有三栏："垃圾""资源回收"和"堆肥"。（没制作过堆肥吧？是时候开始行动了！翻阅本书第 157 页，学习如何制作堆肥吧！）

3. 每次你清空垃圾桶、资源回收桶或堆肥桶时，先弄清桶的重量。你可以先不拿

垃圾桶你站在托盘秤上，然后再拿着垃圾桶站在托盘秤上。用拿着垃圾桶的重量减去不拿垃圾桶的重量就能得出垃圾桶的重量。如果你不拿垃圾桶重 38.1 千克而拿着垃圾桶重 40.8 千克，那么你的垃圾桶重 2.7 千克。将该数据记录在垃圾栏。

4. 请确保你跟踪了你家中所有垃圾桶的数据！别忘了浴室、卧室、车库、你的反重力房间或你的独角兽棚。

5. 你的资源回收桶和堆肥桶在空置的时候就有一定的重量，所以，你先要确定这些容器的重量。（请参照步骤 3 的操作。）

6. 每次在你清空资源回收桶或堆肥桶时，记得减去桶的重量。在资源回收栏和堆肥栏分别记录下你制造的可回收资源的重量和堆肥的重量。

7. 因为你的体重可能每天略有变化，所以，在拿着垃圾桶、资源回收桶或堆肥桶称重前，先称下你自己的体重。

8. 在当月月底，将每栏数据分别相加，计算出垃圾、回收的资源和堆肥的总重量。

9. 用各自的总重量除以研究当月的总天数。（一般是 30 天或 31 天。）现在，你就知道了你家每天平均制造的垃圾量。

10. 用这些日平均值除以你家的总人数。别忘了包括你自己。现在，你就知道了你家每人每天产生每种废弃物的重量。

11. 将三种废弃物的人均值加起来，就得到了每人每天产生三种废弃物的总重量。相较于美国人均 2.1 千克的垃圾量，你家的人均垃圾量更多还是更少呢？

刚刚发生了什么

想要全面了解你家的垃圾量，需要时间和精力。利用你辛苦统计的数据，你能够了解并算出更多的数据。你可以用你当月的总垃圾量乘以 12，估算出你全家一年制造的垃圾、回收的资源和堆肥总重量！你也许已经发现，在你成为你家的垃圾检查员后，你全家都开始为增加资源回收和堆肥量而努力。画一幅监视的眼球，挂在你家垃圾桶的上方，这样能够激励你的家人回收更多的资源并制作更多的堆肥，同时扔出更少的垃圾。

149

在有些人眼中，废物堆积场不过是一堆生锈的金属。而在废物堆积场的所有者眼中，它是一个资源回收的天堂。

种植天然牧草和灌木。这层"盖子"能够将垃圾封存起来，并不断将家鼠、老鼠和飞虫清除干净。

8. 在垃圾堆上玩耍——许多城镇已经将垃圾填埋场改建成了公园！你刚刚骑单车经过了一个凉爽的小山坡，山坡下可能就埋藏着散发着臭味的鸡骨头、湿答答的废弃真空吸尘器袋以及脏兮兮的纸巾。让我们为现代工程高呼万岁！现在，要是我们能够想出完全不制造出任何垃圾的办法，该有多好……

在垃圾填埋场，你很可能看不见坏掉的洗衣机、四分五裂的汽车、破损的弹簧床垫以及类似的东西。一般来说，这些巨型垃圾都被扔到了废物堆积场。

每一个名副其实的优质废物堆积场都是一个正在运转中的大型化学实验室。堆积场中堆积着各种各样的事物，它们在慢慢地分解，上面布满了易剥落的橘红色薄片。这种物质就是铁锈——一种能使生铁变成铁灰的物质。

铁是地壳中第四种最常见的元素，也是宇宙中第六种最常见的元素。你的体内甚至都含有铁，通过你的血液中的红细胞运输氧气的正是该物质。另外，铁还是钢的主要成分。它是一种强度极高的物质。但是，如果将铁和另外两种物质——水和氧气混合起来，它就会逐渐碎成粉末。铁慢慢变成氧化铁，曾经坚硬的物质就会变得柔弱易碎。一座横跨江河的、能够承重50辆拖拉机拖车的大型桥梁，如果没有刷防生锈油漆的话，就可能仅仅因为一点空气和水分而逐渐垮塌。

如果有足够的时间、氧气和水分，这个罐子将彻底分解。

垃圾与地下水

活动器材

- 大号的矩形玻璃烤盘（或其他平底的透明防水容器）
- 4 到 8 杯沙子
- 小号的玩偶公仔（可选）
- 4 张塑料保鲜膜，剪成边长约为 10 厘米的正方形
- 铅笔
- 棉球或报纸
- 3 种不同颜色的食用色素
- 泥土
- 水
- 白纸
- 剪刀

当雨水滴落在成堆的垃圾上，有毒的化学物质就能够在水中溶解，并作为渗漏液渗入地下水。这就是人类发明垃圾填埋场的原因，因为单纯的垃圾堆（从根本上来说，就是将垃圾简单地扔进地下的坑中）会污染地下水。正如你前面所读到的，垃圾填埋场能够阻止垃圾中的有毒化学物质进入我们的饮用水供应系统。针对危险废弃物和石油，人们想出了另一种贮藏方式——地下存储罐，即埋藏在地下的大号容器。其优点在于它们一般被埋在人迹罕至的地方，其缺点在于一旦它们发生泄漏（许多地下存储罐的确发生过泄漏），人们通常是不知情的，直到他们在饮用水中发现了有毒的化学物质。因此，让我们建造并比较这三种方案（垃圾填埋场、垃圾堆以及可能发生泄漏的地下存储罐），研究它们会对我们的地下水造成多大影响。

1. 在烤盘中装入大约 2.5 厘米厚的沙子。

2. 在三个角落各挖一个坑。每个坑代表一种不同类型的垃圾站：垃圾填埋场、垃圾堆以及垃圾存储罐。将一个小号的玩偶公仔插入第四个角落的沙子中，代表一个不希望被周围垃圾站污染的城镇。

3. 在其中一个坑上铺一张 10 厘米 ×10 厘米的正方形保鲜膜，作为你的垃圾填埋场。另取一张保鲜膜，用铅笔在上面戳一些小洞，然后铺在第二个坑上，作为你的存储罐。不是所有的存储罐都会泄漏，但是历史证明，很多都发生过泄漏。第三个坑就作为你的垃圾堆，没有任何的衬垫。

4. 决定一下你是使用棉球作为你的垃圾还是报纸作为你的垃圾。分别将一个个棉球置于每个垃圾站。或者，选择使用报纸：将报纸撕成冰棍大小的碎片，揉成团，然后每个垃圾站各放两团。

5. 每个垃圾站上的棉球或报纸将使用不同颜色的食用色素。例如，垃圾填埋场可能使用蓝色的食用色素，垃圾堆可能使用黄色的食用色素，而存储罐可能使用绿色的食用色素。请在每个棉球或报纸上各滴上 5 到 10 滴食用色素。

6. 另取一张 10 厘米 ×10 厘米的保鲜膜，铺在垃圾填埋场的顶部。尝试使这张保鲜膜与之前的底部衬垫重叠起来，以形成良好的密封。另取一张 10 厘米 ×10 厘米的保鲜膜，在上面戳一些小洞，然后铺在存储罐的顶部。

7. 在垃圾填埋场和存储罐上，铺上一层薄薄的泥土。垃圾堆上则不要铺任何的泥土。

8. 现在，是时候制造一场暴风雨了。在每个垃圾站上缓缓倒入大约 1/4 杯的水。

9. 用你的铅笔在你的"城镇"和各垃圾站之间"挖"3 个"监测井"。也就是说在泥土和沙子中挖 3 个坑，一直挖到烤盘底部。

10. 用白纸剪出一些长条，约等于铅笔的宽度。纵向对折使其更加稳固，然后在每个沙洞中各插一条。大约 30 秒后，将它们移除。请仔细观察，纸张上是否染上了来自垃圾站的食用色素。如果你的监测井是干的，请在每个垃圾站再倒入一些水，然后再试一次。

刚刚发生了什么

奇怪的是，你的垃圾填埋场没有将任何颜色泄漏进监测井中，但你的垃圾堆和存储罐很可能发生了一些严重的泄漏。垃圾填埋场的建造就是为了避免泄漏。为了防止发生泄漏，填埋场还分布了很多的管道，专门用来收集和处理渗滤液和暴雨水。垃圾堆没有配备任何的卫生设施，所以大多数城镇现在都选择建造垃圾填埋场。

即便有垃圾填埋场，我们仍然不可以将一些危险的废弃物扔进垃圾站。它们可能对收集垃圾的工人以及偷偷潜入的动物造成伤害，它们也可能从垃圾填埋场泄漏，进入你所在城镇的饮用水中。请调查一下你所在城镇是否设有专门的"危险废弃物回收日"，将类似废电池之类的垃圾扔到特殊的采集站。废电池中含有有毒的化学物质，例如，水银和强酸。Earth911.com 是一个很棒的网站，你可以学到更多知识，关于如何以一种对地球友好、对动物友好的以及对人类友好的方式处理垃圾。

腐烂的食物当然很恶心。但是，你可以将所有这些水果皮、鸡蛋壳、蔬菜碎叶制作加工成有利于植物生长的营养成分——这就叫作"堆肥"。堆肥有时候看起来黏糊糊的。如果你处理不当的话，它还会有点臭。但是，如果你细心照料，加入合适的配料，等待足够长的时间，你就可以将堆肥埋进你的花园中。这样一来，你花园中的植物就能健康快乐地长大了。当你能够照料腐烂的食物时，谁还需要宠物？

你已经知道，动植物死后，它们的遗体会腐烂。这意味着，类似细菌或真菌的微生物会将它们分解成更小的成分。这些成分会转化成一种类似肥沃土壤的物质，其他植物能够利用该物质中富含的高营养颗粒，从而更加茁壮健康地生长。当你用吃剩的蔬菜碎叶制作堆肥时，你就是在回收利用这些营养物质，使它们重新回到土壤中，而不是被扔进垃圾填埋场中。

同时，你也减少了投入垃圾填埋场的垃圾量。这真是一件好事情，因为垃圾填埋场需要占用很大的空间，而且很快就被填满了。你希望你家附近有什么：一大堆垃圾还是一个种满了鲜花和蔬菜的漂亮花园？

制作完成的堆肥可以用作树木和灌木的护根物，也可以和土壤混在一起优化土质。堆肥最了不起的一点在于它能够产生热量！如果你用长柄草耙在堆肥的中心挖一个坑，伴随着这些非凡的微生物热火朝天地工作，你就会看见不断上升的蒸气！如果你将手放在堆肥附近，你甚至可能感受到它散发的热量。

课外实验

反重力铁锈？

想要看见形成中的铁锈吗？别担心，你不需要一个废物堆积场或一座巨型桥梁。在本实验中，你将用钢丝球参加一场铁锈赛跑，见证水分"魔法般地"摆脱了重力的拉力。

1. 做出一个假设。当钢丝球与水、盐水、油或空气接触后，会发生什么呢？哪种物质生成的铁锈最多？

2. 用钢笔和胶带（或便利贴）标示你的调味品罐。分别标上"盐水""水""油"和"对照组"。将标识贴在每个罐子的中上部。

3. 取一个小碗，加入一茶匙的盐和半杯水。另取一个小碗，只加入半杯水。取第三个小碗，加入 1/4 杯的植物油。

4. 将钢丝球扯成 4 块，宽度与你的调味品罐相等——大约相当于大号棉球的大小。你需要将钢丝球紧塞在罐子底部。如此一来，当你将罐子倒置时，罐子里的钢丝球也不会掉下来。

活动器材

- 4 个空置的长条形透明调味品罐（或试管），不需要盖子
- 钢笔
- 胶带和小纸条或便利贴
- 量勺和量杯
- 3 个小碗
- 植物油
- 钢丝球
- 盐
- 水
- 平底透明容器，能够放下所有的调料罐即可，例如，派热克斯玻璃烤盘或食物贮藏容器
- 食用色素（可选）

5. 取第一块钢丝球，将其浸入盐水中。挤掉多余的水分，将钢丝球稍微拉开一点，然后将其塞进标有"盐水"的罐子的底部。

6. 取第二块钢丝球，将其浸入油中。挤掉多余的油，将钢丝球稍微拉开一点，然后将其塞进标有"油"的罐子的底部。

7. 取第三块钢丝球，将其浸入纯水中。挤掉多余的水分，将钢丝球稍微拉开一点，然后将其塞进标有"水"的罐子底部。

8. 取第四块钢丝球，让其保持干燥。这块钢丝球有个很酷的学名，叫作"对照组"。对照组指不接受任何实验处理的被试组。这样，你就能将你的实验结果与一块"普通"的钢

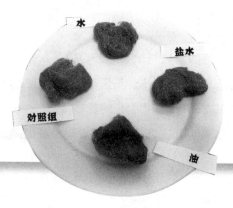

丝球进行比较。将钢丝球塞进标有"对照组"的罐子的底部。

9. 将罐子倒置于透明容器中。（记住，不要盖上盖子。）

10. 在容器中倒入大约 2.5 厘米高的水。在倒水之前，你可以加入几滴食用色素，使水位更明显。请注意，罐子里的水位比容器的水位要低。这是因为罐子里的空气正在阻止罐子里水位的上升。

11. 答应我，在接下来的两三天里，你不会从水中取出罐子。将它们放在好管闲事的亲戚或对科学有浓厚兴趣的宠物触碰不到的地方。你应该不希望他们一不小心毁掉你的实验吧。

12. 记得每天查看钢丝球上铁锈的形成情况。同样重要的是，注意罐子里的水位和容器内的水位的对比情况。

刚刚发生了什么

恭喜，你已经种植出了你的专属铁锈！好吧，这个表述不太准确；铁锈不是活物，所以它不会真的"生长"。铁锈（它的学名为"氧化铁"）无非是由两个铁原子和三个氧原子加上水分子组成的。当铁暴露在空气和水中时，铁锈就形成了。钢丝球中充满了铁元素，但是氧气从何而来呢？氧气来自于罐子中的空气。空气是多种不同气体的混合物，但主要由两种气体构成：氮气（78%）和氧气（21%）。所以，罐子中包含了大量氧气。

你的假设正确吗？在盐水中浸过的钢丝球上形成的铁锈应该是最多的，因为盐能够加速铁锈的形成。在油中浸过的钢丝球上形成的铁锈应该是最少的，因为油充当了雨衣的角色，将水和钢丝球隔离开来了。而铁需要水才能生锈。

接下来，检查铁锈最多的罐子里的水位。我敢打赌，你将看见其水位高于对照组容器的水位。罐子里的水似乎摆脱了重力因素！但是，这不是魔法——只是气压而已。当你开始进行本实验时，房间内的气压等于罐子里的气压。但是，当罐子中的氧与钢丝球中的铁结合在一起后，罐子内能够阻止水位上升的氧气就减少了。看起来就像是钢丝球正在吸水，但情况并非如此。因为罐子里的气压低于房间内的气压，所以房间内的气压不断将罐子里的水位推高。空气居然如此有进取心！

从腐烂到摇滚

活动器材

- 一个堆肥桶以及一个放置堆肥桶的地方（请咨询你所在城镇或城市的公共工程部门是否允许在后院制作堆肥。如果你家没有后院，你的老师也许可以请学校提供一些场所。另外，请咨询公共工程部门是否能够提供廉价的堆肥桶。五金店和网上商城也有许多堆肥桶出售，你也可以在网上找到用木材和细铁丝网制作堆肥桶的方法。如果你住在乡下，就不需要一个专门的堆肥桶了）

- 绿色和褐色的植物部位（堆肥配方上有详细说明）

- 长柄草耙（可选）

- 水

注意：苍蝇、讨厌的啮齿动物、甚至体型更大的动物都可能给一些堆肥桶带来麻烦。调查你所在的城镇生活着哪些小动物。有些耗子会一路啃进我们的塑料堆肥桶。（然后在其下面搭一个舒适的窝！）所以，我们将一个抗虫害的旋转桶放在了一个耗子爬不上去的金属支架上，远离地面。这样就再也没有啮齿动物打扰了！你也可以用几层细铁丝网将你的堆肥桶包裹起来，防止动物进入桶内。

如果你将剩菜、纸屑和庭院垃圾制作成堆肥，你扔进垃圾填埋场的家庭垃圾就能够减少大约 20% 到 30%。同时，你还能够将优质的营养物质投放到你的花园中！

制作堆肥很容易。你只需要加入以下配料，微生物们就会完成剩下的工作！加入正确比例的配料能够帮助你加速堆肥的形成过程，同时防止你的堆肥变得恶臭难忍。当然，你应该也不会弄错。

1. 褐色配料（富含碳）
范例：干树叶、玉米秸秆、茶包（不含金属订书钉）、纸张（纸板、咖啡过滤纸、餐巾纸、擦手纸和卷纸——将它们撕成碎片加入你的堆肥桶中）、松针（少许，因为它们是酸性的，如果太多就不利于堆肥制作了）、木屑以及稻草。

2. 绿色配料（富含氮）
范例：水果皮和蔬菜碎叶（将其切成小块能够加快它们的分解速度）、咖啡渣、蛋壳、草屑、新鲜树叶以及新鲜杂草。

注意：相较于绿色配料，你的堆肥桶需要更多的褐色配料。以 3:1 的比例（即你放入的褐色配料应该是绿色配料的三倍）为目标。对于城市居民来说，收集足够的褐色配料很难，所以，将你所有的报纸、餐巾纸和纸板保存起来吧！你甚至可以将用过的白纸撕碎，将其作为"褐色"配料。或者，在秋天收集一整桶的树叶，以供整年使用。记得用你的褐色配料覆盖绿色配料。毕竟，你也不想让害虫和苍蝇认为你刚开了一家快餐连锁店吧！铺上一层厚厚的棕色配料能够遮盖

堆肥配方

如果你将堆肥桶分成三个部分，你就同时拥有一个"来料"桶、一个"工作"桶以及一个"完工"桶。

臭味，同时能够加速餐厨垃圾的分解。

3. 水 堆肥的湿度应该与一块拧干的海绵差不多。如果太干了，就再倒入一点水。如果太湿了，就再加点干树叶。如果你的堆肥桶有排水口的话，你也可以打开排水口。如果你收集到了多余的水分，你可以将这杯"堆肥茶"（一种深褐色的散发着恶臭的液体）倒在你的植物根部。它们会喜欢的！对它们来说，它就像是一杯维生素和矿物质奶昔！

4. 氧气 在缺氧的情况下，堆肥也是可以制成的。一些人喜欢这样制造堆肥，因为这样省很多事。但是，比起有氧堆肥，缺氧堆肥需要更长的时间，且可能散发臭味。从根本上说，这就意味着将垃圾扔到一堆或扔进垃圾桶，然后等待。而有氧堆肥是指想办法让空气混进你的堆肥中。这意味着，你要么旋转你的堆肥桶（如果你的堆肥桶可以旋转的话），要么用一把长柄草耙翻动堆肥。每隔四五天翻动你的堆肥，或者每次加入新配料时翻动你的堆肥。

不能堆肥的东西：
碎肉和动物油脂、鱼杂碎、骨头、乳制品、花生酱、食用油、病株、宠物排泄物、三合板或经加压处理的木材以及任何不能生物降解（自然分解）的物质，包括塑料。不能生物降解的物质会污染你的堆肥。

添加、混合以及等待：
不断在堆肥桶内加入餐厨垃圾和褐色配料，随有随加。许多人会在他们的橱柜下放一个小桶来收集餐厨垃圾，然后每隔一两天倒入大大的堆肥桶中。每次加入新配料时，如果可以的话，请用长柄草耙将堆肥搅拌一下，或者你的堆肥桶是圆桶的话，请旋转一下这个桶。如果你无法搅拌，请将食物埋在树叶和草屑之下，以免动物们以为你正在供应管饱的腐食自助餐。在天气暖和的时候，多次搅拌，在大约6周后你就能制成可用的堆肥。如果天气寒冷，或者你将堆肥放在那里不管的话，堆肥的制作就需要更多的时间。那样的话，你可能需要等上一整年甚至两年。制作完成后，你的堆肥应该是深褐色的像土壤一样的疏松物质，闻起来应该有一股香甜味或霉烂味。现在，你可以把它撒在你的花园里或离家最近的那棵树的四周了！刚开始可能有点恶心，后来就成效显著了！

当商店的收银员问你想要哪种材质的袋子时，请仔细考虑以下几个问题：

★美国人扔掉的垃圾中，超过三分之一是纸张。每年大约有1400万棵树木被砍伐，因为人们需要用纸袋将的玉米片和汉堡肉包装好带回家享用。造纸还需要大量的能源和水资源。如果你从商店带回家一个纸袋，下次购物时记得重复使用它。纸袋开始散架时，还可以回收利用，例如用来制作搞笑的服装或包装纸，或者揉成一个球，逗弄你的宠物猫！

★塑料袋会好一些吗？我们需要1200万桶石油才能制造出美国人一年所需的约10亿只塑料袋。而当我们使用完后随手一丢，许多塑料袋最终会在空气或海洋中四处飘荡。事实上，由于人类在过去的50年中丢弃了太多的塑料，海洋中的塑料垃圾已经无处不在了。在太平洋上，塑料四处漂浮，然后被旋涡洋流困住，形成了两个巨大的旋转塑料碎片漂浮"岛屿"——一个位于夏威夷和加利福尼亚之间，另一个位于日本沿海。有些塑料甚至看起来像磷虾（鲸鱼最喜爱的食物）。但是，塑料不仅不好吃，还会造成海洋生物的死亡。因此，请尽量减少塑料袋的使用，并尽可能多地重复使用，然后通过资源回收的方式正确处理塑料垃圾。

所以，我们应该选择哪种材质的袋子呢？纸质的，还是塑料的？两个都不选！请告诉你的家长始终随身携带可重复使用的购物袋，你也一样。大部分的购物袋都可以折叠得很小，放进手提袋或背包中。为了防止更多的塑料伤害野生动物，请贡献你的一份力量。很多物品都能够进行重复使用和资源回收：塑料、无尘纸、玻璃和金属等等，请帮它们摆脱被扔进臭气熏天且湿漉漉的垃圾填埋场的命运！

垃圾能够进入动物的食物链中，这一点从左图这只莱桑信天翁的呕吐物就可以看出。

尽自己的一份力！

塑料　铁　玻璃

回收利用，地球会感谢你。

我们今天使用的大部分物品（塑料、金属、玻璃、纸张和纸板）都能够也应该被回收再利用。甚至连食物都能够制作成堆肥。但是，此时此刻我们在资源回收上做得还远远不够。回收一个铝罐就能节约一台电视三个小时需要的电量。而被扔掉的铝罐足以打造美国舰队所需的所有飞机。真是太浪费了！美国人每小时扔进垃圾桶的空水瓶数量超过 250 万。（记得时刻提醒自己：购买一两个可循环使用的水瓶，然后重复使用！）

既然你已经了解了相关知识，你就应该开始资源回收了（如果你现在还没做的话），对吧？请咨询你当地的资源回收中心，以确保你回收了所有能够回收的东西！

现在，你已经是一名垃圾专家了。你已经将香蕉皮和揉成一团的餐巾纸制成了堆肥。当然，你也已经回收了你的塑料制品、纸制品、硬纸板制品、玻璃制品以及金属制品。如果你对所有类型的垃圾处理都感兴趣，请翻到"便便"一章，搞清楚你的棕色饼干离开你的臀部后到底去了哪里！但是，首先，请搞清楚你的身体是如何将食物转化成这些棕色饼干的。下一章——消化系统！

消化系统

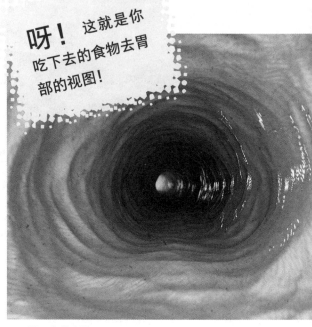

呀！这就是你吃下去的食物去胃部的视图！

滑下食道内壁！

你刚刚干掉了一个夹着豆子和奶酪的墨西哥卷饼，喝了一大杯牛奶，还吃了一两口花椰菜好让你的家长开心，最后吃了一块儿巧克力。所以，从你把它放进嘴巴里到数小时后它从你的屁股里排出的这段时间，所有这些食物究竟发生了什么呢？原来，食物在我们的体内经历了一次冒险，穿过连接你的嘴部和臀部安全舱口的一个管道和隧道系统，一路向下。整个系统就叫作"消化系统"。让我们沿着你的消化道一路向下滑行，近距离地观察一下吧。

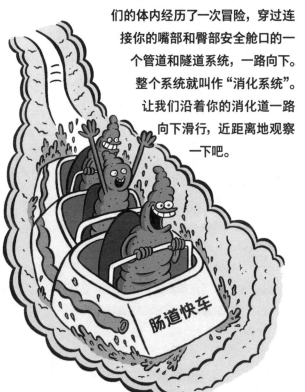

肠道快车

想象一条长长的管道——一条非常非常长的管道，接近9米长。它几乎和一辆校车一样长！如果把一位成年人的消化系统的各部位拉伸成一条直线，其长度就有这么长。这个壮观的胶黏隧道系统始于你的嘴部，止于你的肛门。但是一路上，它就像惊险的过山车一般迂回曲折地盘绕，不断地将食物分解成细小的颗粒，于是你的身体可以利用它来获取能量，从而促进生长发育和身体康复。

如果你将那个夹着豆子的墨西哥

卷饼放进搅拌机，会发生什么呢？它会变成一团令人作呕的糊状东西。你的嘴巴有点儿像身体的搅拌机，你的牙齿负责撕咬和研磨。咀嚼几秒钟后，得益于唾液的加入，你嘴巴里的墨西哥卷饼就会变成一团浓稠的烂泥。这团烂泥会沿着喉咙滑进连接你的嘴和胃的管道。这条约20厘米长的弹性管道叫作"食道"，它的工作就是将食物挤扁和挤压进你的胃部。

这种挤扁和挤压叫作"蠕动"——分布在食道内的强有力的波浪状的肌肉收缩。蠕动是如此强大，以至于你倒立时也能喝水。你无法控制这些肌肉，并且你一般也感觉不到它们的存在。只有当你吞下一块儿过大的食物时，你才能感觉到它们的存在。然后，随着你的食道努力向下运送那块食物，你会感觉不舒服。

那团糊状的墨西哥卷饼混合物已经成功进入了你的胃里。在接下来的数小时里，随着胃部肌肉不断收缩，胃壁不断分泌盐酸，食物将被搅拌在一起。抽水马桶清洁剂和除锈剂中也含有盐酸，其酸度是柠檬汁的10倍。在你的胃中，它被称为"胃酸"，能够杀灭你不小心吞入的大多数细菌和一些微生物：可能是食物上的微生物，也可能是你不小心从未洗净的手指上舔掉

一只手紧握成拳。你的胃中没有食物时大概就是这么大。现在，想象一品脱的牛奶。（你知道的，那些能够容纳四大杯牛奶的容器。）这就是胃可以轻松容纳的量。（如果你正在吃管饱的甜点自助餐，你的胃还能容纳得更多。）正如我们有篮球超级明星和单板滑手奥林匹克冠军一样，我们也有大胃王中的世界冠军。这些人可以让自己的胃撑到荒谬的地步。

大胃王大联盟举办各种各样的大胃王比赛。酸奶冰激凌、熏牛肉三明治、水煮蛋——应有尽有！在大胃王比赛中，速度和数量是同样重要的。一些最近的纪录保持者中有一个在十分钟内吃掉34个牛腩烤肉三明治的男人和一个在十分钟内吃掉3.8千克维也纳香肠的女人。另外，在此之前，还有一个在五分钟内吃掉3.3千克黄油棒的家伙。这些参赛选手并不是生来就拥有巨胃的：他们进行了大量的训练，使他们的胃能够远远超过正常容量的胃。另外，他们还进行了大脑训练，使大脑不发出吐掉那些食物的指令。小家伙，千万不要自己在家进行这些训练！在这些比赛中，急救医务人员都是始终在场的。他们告诫说，如果你的胃被拉伸得太厉害，那么，在你的余生中，你可能就不得不忍受无休止的恶心和呕吐。这一点儿也不好玩！

的微生物。（但是，千万不要把此事全部交给你的消化系统。吃东西前，请记得洗干净你的双手！）如果你曾经有过轻度反胃，你的喉咙会感觉火辣辣的，还会尝到胃酸

的味道。一点儿也不好吃。幸运的是，你的胃黏膜上覆盖着一层厚厚的黏液，能够防止胃黏膜被胃酸溶解。每隔几天，这层黏液便会被一层新鲜的黏液替换掉。人体真的很神奇，对不对？！

你的胃部肌肉继续收缩和松弛，充分混合胃酸和食物，将食物分解成更小的颗粒。经过胃液消化后，你吃下去的美味大餐变成了一种长相恶心的半流体半固体的脏兮兮的糊状物质，被称为"食糜"。食糜会继续在胃中停留，然后按部就班地成块进入你的小肠中，这样你的肠道就不会因为刚刚下肚的大餐而不堪重负。

开了洞的奶牛！

说到胃，让我们暂停一下，先来看看奶牛的四个了不起的胃室。瘤胃是奶牛的第一个胃，也是最大的胃。它能容纳多达200升的食物——大约相当于你拖到路边的一个垃圾桶的容量。如果你是一头饥饿的奶牛，你就会狼吞虎咽地吃下大量青草，稍微咀嚼一下，然后就吞进你的瘤胃中。在瘤胃中，消化液能软化青草，数以亿计的有益微生物（例如，细菌、霉菌和酵母）能将青草分解成易消化的颗粒。随后，青草会想办法进入你的第二个胃室，即网胃。但是，消化还远远没有结束。

无论你有多喜欢馅饼，吃得太多太快很可能会引起一次呕吐！

你的网胃会挤压食物，使你吐出一个被部分消化的青草软球（被称为"反刍的食物"），并重新回到你的口中。由于你是一头奶牛，这是正常的，其实一点儿也不恶心。你每天会花8个小时来咀嚼并重新吞下这些呕吐物。吞下然后呕吐，呕吐然后吞下，反反复复，周而复始！所有这些咀嚼都有助于把青草分解成更小的颗粒，使其变得更加柔软，从而使胃里的友好微生物能够更轻松地履行它们的职责。现在，青草终于被消化得差不多了，能够进入剩下的两个胃室了。在这两个胃室中，青草中的水分和营养物质会被吸收进奶牛的体内。第四个胃室相当于我们人类的胃，负责消化剩下的任何食物。

艾德·德·彼得斯是加利福尼亚大学戴维斯分校的一名动物学教授。他痴迷于瘤胃研究，想进一步了解奶牛的消化系统的工作方式。另外，他还想知道，除了青草以外，是否还存在别的食物能够使奶牛保持良好的营养状态。如果改变奶牛的饮食，牛奶的营养成分是否也会随之发生变化。

以下是德·彼得斯博士的做法。首先，他把咖啡罐的底部固定在奶牛的身侧，用粉笔画出罐底的轮廓，然后在奶牛的皮肤上抹上一层麻醉药液，这样就能使奶牛在接下来的手术中感觉不到疼痛。随后，他在奶牛的皮肤上切开一个洞，一直往里切

开了洞的奶牛！这头奶牛身侧的开口使得科学家们能够研究它的消化系统。

进瘤胃中，然后在洞里放入一个塑料塞。我们既可以打开塑料塞观察瘤胃中进行的消化活动，也可以放入和移除食物。别害怕，奶牛不会感觉到疼痛！手术完成后，它们立刻就能继续吃草。同时，它们也在进行研究的农场接受了很好的治疗。

现在，这些奶牛的身上被装上了"瘘管"——"小开口"的学名。德·彼得斯博士的学生将该测试对象称为"开了洞的奶牛"！有了这个洞，我们就能轻松地获得有关奶牛的胃是如何消化食物的独家内幕了。德·彼得斯在网袋中装满了各种各样奇怪的食物和非食品类物品，包括李子核、碎纸、干棉花和柠檬渣。随后，他将网袋放进了奶牛的胃中。每隔一段时间，他会将网袋拉出，看看里面发生了什么。

★一些鲨鱼能够将它们的胃外翻，然后将外翻的器官从口中吐出来（就像你将你的口袋外翻一样）。这是它们的一种极其高超的呕吐方式，能够将难以消化的东西通过这种方式排出体外。

★盘绕的马肠几乎有27米长。在职业棒球大联盟的赛场上，这相当于本垒到一垒的距离！

★企鹅拥有一个了不起的胃。由于它们经常需要把捕获的鱼带回家中喂养企鹅宝宝，因此，它们会先把鱼吞下，然后将胃封闭起来，让胃变成移动的购物袋。它们把食物储藏在胃中，但是不会进行搅拌，也不会分泌胃酸，不进行任何处理！当企鹅父母回到企鹅宝宝身边时，它们会把鱼吐出来，这有点儿像你的家长从超市购物回来后打开他们的购物袋。

★网球选手、小提琴家和外科医生都需要使用肠子！网球拍和昂贵的弦乐器上的线，以及用来缝合伤口的细线都是由肠线制成的。不过无处不在的小猫咪们大可以放松心情，这些肠线一般是由绵羊或奶牛的肠子经过拉伸、浸泡、冷冻、清洗以及揉搓制成的。现在，我们经常使用金属线、棉线或塑料线来代替肠线。

★蟒蛇拥有全世界最好的食道，简直让我们人类又羡慕又嫉妒！想象一下超级黏稠但弹性超高的泡泡糖吧！蟒蛇的食道与它那个可以上下左右自由分离的颌骨连在一起，因此能够吞下整只袋鼠。功能真强大，不是吗？

事实证明，奶牛拥有一个了不起的胃，能够消化各种各样有趣的东西！他的研究帮助奶农们了解了除青草外能作为奶牛饲料的其他食物。实际上，造瘘术能够帮助生病的奶牛。这是因为奶农可以将益生菌从另一头健康奶牛的身上转移到生病奶牛的胃中，于是，益生菌能够帮助它们恢复正常的消化。

我刚刚吞下的那个家伙让我看起来很胖吗？

毫无疑问，胃是很了不起的。但是，它并不是"消化秀"中的巨星。真正的荣耀属于肠道。

如果不吃东西，人就会像一辆没有汽油的汽车，哪里也去不了。食物能够给身体提供燃料，但首先你必须将那个夹着豆子的墨西哥卷饼分解成可以利用的营养成分——蛋白质、脂肪和碳水化合物。蛋白质可以用来生成和修复肌肉，碳水化合物可以给你提供能量，而脂肪可以用来组建脑细胞，让你的皮肤保持健康状态，以及温暖和保护你的各个器官。嘴巴和胃负责最初的食物分解工作，但真正的消化工作是在小肠中完成的。你大概需要四个小时的时间来消化食物。

当那团酸性食糜从你的胃中离开，进入小肠的第一部分时，你的胰腺会分泌一种叫作"消化酶"的能够分解脂肪和蛋白质的物质，于是我们的身体才能吸收食糜中的营养物质。此外，肝脏、胆囊也能通过分泌一种叫作"胆汁"的用来分解脂肪的流体，为那团黏糊糊的混合物的分解做出了重大贡献。所有这些流体都是碱性物质，能够中和胃酸，于是你的小肠不会受到胃酸的腐蚀。代谢的红细胞也进入小肠

如果不好好讨论一下括约肌，对消化系统的讨论就是不完整的。括约肌是一种环状肌肉，能够控制一个（通常是）管状器官的开放和关闭。它能紧闭或全开，有点儿像捏紧的拳头，然后松开。以下是在你的消化系统中起关键作用的括约肌。

吞咽　没有人希望自己大口吞下的墨西哥卷饼和唾液混合物逆流回嘴中。上下食道括约肌主要负责这一点。在你吞下食物后，上食道括约肌会紧急关闭，阻止食物进入气管。下食道括约肌（也称为"贲门括约肌"）通常负责阻止胃中消化过的粗糙酸性混合物逆流回食道。这种酸性物质确实偶尔会发生逆流，当发生逆流后，这感觉就像是一个喷灯刚刚烤过你的胸腔，难怪被称为"胃灼热"！

消化　你刚吃下的晚餐被捣碎成了黏糊状液体，现在它已经准备好通过位于胃出口处的幽门括约肌进入你的小肠了。糊状物质将在小肠中被进一步挤扁和挤压，然后到达下一扇大门——回盲肠括约肌，小肠和大肠在此处汇合。

排便　大便失禁是很麻烦的！这扇大门是如此重要，以至于要通过两扇"小门"。你无法控制连接大肠和直肠的肛门内括约肌。但是，你对肛门外括约肌拥有绝对控制权——在你决定要上厕所前，最好有时间找本可以看的书（但不要看太久）。

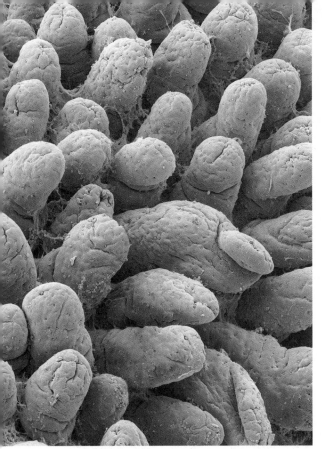

这些可爱的小家伙是什么？只是一些在肠道内闲逛的绒毛

中的混合物中，胆汁和红细胞的结合导致你的大便呈现出软糖布朗尼的颜色。

事实上，"小"肠是一个非常长的（成年人的小肠平均超过 6 米）、规模极大的管道系统。（虽然，它仅有 3 到 5 厘米宽。）取一根小肠，将其弄平，其表面积将有一个网球场那么大！这是因为小肠内部分布着无数的环形褶（被称为"褶皱"）。此外，小肠内的每个褶皱都分布着无数细小的指状突起物，被称为"绒毛"。细小的绒毛上甚至还分布着更小的突起物，被称为"微

绒毛"！大大增加的表面积意味着你的小肠能够从食物形成的稀薄混合物中吸收大量营养。你的小肠外壁分布着大量细小的血管。微绒毛就像是一小块儿海绵，将营养物质移出肠道，转入这些血管中，而血管负责将营养物质运送到你的细胞中。

胖乎乎的肠道

那么，你的硕大无比的小肠刚刚已经从你的午餐中吸收了大量有用的营养成分，伴随着强有力的环形肌肉不断挤压，食物也随着蠕动在不断地运动。剩下的物质通过括约肌进入你的大肠。与小肠比起来，你的大肠更宽一些，大约 7 厘米，但不如小肠长，成年人的大肠约有 1.5 米。

在进入大肠后，夹着豆子的墨西哥卷饼还剩下什么呢？真的没有多少了。大部分是水分，小部分是你的胃和小肠无法消化的物质（叫作"植物纤维"）。生活在大肠中的益生菌认为这些剩余食物很美味，于是它们大快朵颐，同时释放出有用的维生素（维生素 B 和维生素 K）。大部分水分和维生素都通过大肠壁吸收到血管中，现在就只剩下一小团褐色的固体物质了。你猜对了……大便！这团物质大部分是由水和益生菌组成的。此外，还有一些从你的胃、小肠和血液中流出的死细胞，以及无法消化的纤维、脂肪和蛋白质。分布在大

彻底的消化

本活动遵循食物从嘴巴到达排泄器官的整个过程，按照消化系统的"工作"模式，最后获得黏糊糊的褐色"最终产品"。

活动器材

- 2 杯麦片
- 大碗
- 研磨棒或马铃薯捣碎机
- 半杯水
- 半杯酸奶
- 9 升容量的自封袋
- 1 杯醋
- 红色和绿色的食用色素（每种大约 20 滴）
- 尼龙连裤丝袜（剪成 2 条腿）
- 可以剪布的剪刀
- 水槽

警告！！！

如果加入太多的液体，事情可能就会搞得乱七八糟。从本实验提到的排泄器官中，你得到的可能就是"流体"大便，而不是"固体"的大便。

1. 将两杯即食麦片倒入一个大碗中。这个碗将代表你的嘴巴。麦片将代表，好吧，还是麦片。

2. 咀嚼是消化的第一个阶段。使用研磨棒或马铃薯捣碎机（甚至是一个大勺子或你的拳头侧面）将麦片磨成更小的碎片，你正在模拟你牙齿的破坏行为。

3. 唾液促进了该阶段的食物消化。你的唾液中含有一种叫作淀粉酶的化学物质，能够帮助分解淀粉类食物，例如麦片、马铃薯和意大利面。你无法在杂货店买到一瓶淀粉酶，但是酸奶中含有其他有助于消化

的酶，所以我们可以用酸奶代替淀粉酶。将半杯水和半杯酸奶倒入碗中，制作出你自己的假唾液，然后继续捣碎这碗混合物。（当然，你也可以在碗中多备一些假唾液。）

4. 是时候开始"吞咽"食物了，让食物沿着食道进入你的胃。把混合物转移到自封袋中，再加入一杯醋。醋就代表你的胃酸（虽然胃酸的酸度比醋的酸度要高得多）。再取一个自封袋，把第一个自封袋置于其中，以防发生泄漏。用你的手把食物和醋揉成糊状。在你的胃中，肌肉通过不断挤压和放松，使强酸和酶与食物混合起来，真正将其分解。（记得要把自封袋密封好，否则食物就会溢出，你就会"胃灼热"。其实应该叫作"食道灼热"，因为它发生在胃酸偶然被向上推进了你的食道之时。）

5. 当你的胃完成了食物的搅拌工作，食物就会进入小肠。在小肠中，肝脏会分泌出绿色的胆汁帮助分解脂肪。代谢的红细胞也会进入小肠中。记住：胆汁的加入发生在小肠中。但是，如果你想把颜色调得恰到好处，在透明塑料袋中进行以下工作会容易得多，因为你能观察到塑料袋中发生的一切。所以，在你的塑料袋中加入几滴绿色和红色的食用色素来结束你的大作吧。多尝试几次，就能调出你理想中的能够以假乱真的大便颜色。我们最后使用了18滴

绿色食用色素和20滴红色食用色素。一次只混合两种颜色各几滴，然后揉搓一会儿。

6. 你的胃是一个大口袋，而你的小肠和大肠是一条长长的管道。把一条尼龙连裤丝袜剪成两半，得到两条长长的裤管。（本实验中你只需要使用一条腿管——我们将用它来同时代表小肠和大肠。）首先，在丝袜的足端剪一个直径约是1厘米的小洞。这就是"便便"即将出来的地方。将尼龙丝袜置于水槽或一个大碗上，将黏糊糊的褐色食物倒入尼龙丝袜开口较大的那头。当你倒入食物时，请一位朋友将丝袜的足端举高，防止你仿造的便便从足端的小洞流出来。这和腹泻很相似，而腹泻从来都不是一件好事！对你的眼睛来说，此刻的食物可能看起来很恶心。但是，你其他的身体器官已经迫不及待想吸收所有这些美味的营养成分了。

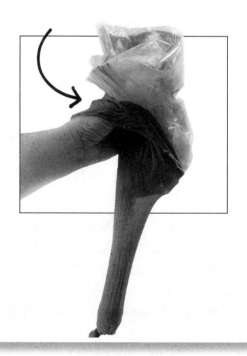

7. 在大碗或水槽上方用力挤压袜子里的食物，模拟你的小肠是如何将营养物质和水分挤出食物然后挤入你的身体的。事实上，这些营养物质并不会进入水槽中，而是进入你的血管，然后由血管输送到你的细胞中。享受挤出液体给你带来的恶心的感觉吧！（如果你有点想吐了，请记得这些不过是麦片、酸奶、水、醋和食用色素……不是真正的大便。）

8. 挤压一会儿后，你的食物现在已经通过大肠了。大部分的水分和营养物质也已经转移，并通过血管进入你的细胞中了。你的身体不再需要剩下的废物，把它排出体外吧！肠道的最后一部分叫作"直肠"，直肠通过肛门外括约肌闭合肛门。将仿造的大便从你的袜子"肛门"中挤到一个置于水槽的大碗中。

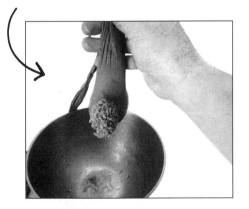

9. 最后一步是什么？还有什么！把你的早餐冲下马桶！

刚刚发生了什么

你刚刚模拟了食物穿过消化道的整个过程。模拟虽然很形象，但是无法展示完整的过程。本活动需要不到 30 分钟就能完成。在现实生活中，食物将在你体内的某个地方停留约 10 个小时甚至数天。时间的长短取决于你的身体状况、性别（男性的消化系统工作效率通常比女性更高）以及摄入的食物。水果和蔬菜比肉类更容易消化。为了从食物中获取营养，你的身体完成了大量工作，但是它并不是独自完成的。如果你已经阅读了"细菌"那章，你就知道你的身体内外分布了大约 100 万亿只这种微生物。它们中的许多在你的大肠中度过了一生。它们帮助你消化食物，同时使你的身体保持健康。但是细菌无法永生，死去的细菌及一些活着的细菌组成了你大便的主要成分。难怪人人都对你大声叮嘱，让你在擦完屁股后洗净双手！如果不洗手，你的手上就会布满肠道细菌，这是很恶心的！

盘绕挑战

活动器材

- 小号塑料碗，用来混合凡士林和食用色素
- 小罐凡士林
- 红色和橙色的食用色素或颜料
- 一把标尺（卷尺更好）
- 一卷至少6米长的蜡纸
- 画笔（如果你是一位真正的黏液爱好者，也可以用手指）
- 透明胶带
- 一把剪刀
- 旧尼龙连裤袜
- 纸巾或旧报纸
- 小橡皮筋
- 红色气球（可选）
- 一个空鞋盒——尽量找一个和你的腹部差不多大的鞋盒
- 螺丝刀或小刀（可选）

　　你的任务：制作一根与实物一般大小的小肠，将其连接至一根与实物一般大小的大肠，然后整齐地将其放进一个与实物一般大小的腹腔的后部。这可能比你想象的要难一点儿，但确实是一次有趣的尝试。本活动非常适合在阳光明媚的户外进行。

1. 取一个塑料碗，将凡士林和食用色素或颜料搅拌均匀。

2. 测量6米长的蜡纸，然后将其平铺在地上。在蜡纸中部用五彩缤纷的凡士林一路往下画一条粗线。

3. 待凡士林干燥后，将蜡纸横向卷成一条长蛇，然后像拧干毛巾一样扭转你的长蛇。用透明胶带将蜡纸全长加固。你刚刚制作完成了一根小肠！

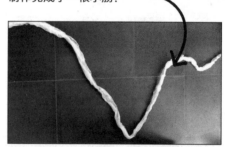

4. 剪下旧尼龙连体裤的裤腿。在每根裤管里塞入纸巾或弄皱的报纸，直到将裤管撑到大约7厘米宽。这将作为你的大肠。把每

根裤管的足端连在一起。合二为一后，裤管应该大约有 1.5 米长。

5. 用胶带或一根小橡皮筋将大肠和小肠系起来。

6. 如果你想获得更多乐趣，请将一个红色气球吹到成年人的拳头大小。这就相当于胃的大小。用几根胶带将小肠的一端和气球口粘在一起。

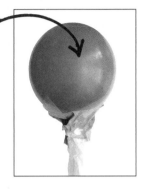

7. 你没有制作肝脏、胰腺或胆囊，不然的话，你就能模拟出整个消化道。将你的胃和内脏放进腹腔（在本活动中指鞋盒）。

8. 为了使你的作品更加真实，请一位成年人帮助你用螺丝刀的尖端或小刀在鞋盒的底部戳一个洞。将大肠的最后一部分（也称为"直肠"）拉出鞋盒，作为排泄通道。

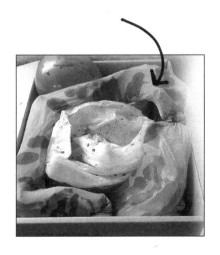

肠中的细胞会分泌大量黏液，能够润滑粪便，使粪便易于排出体外。

消化道的最后一部分是直肠。直肠是一根约 10 厘米宽、15 厘米长的管道。所有那些身体不需要的物质都会进入直肠，然后"扑通"一声排到你附近的马桶里。如果大便能说话，它就会猛拍直肠壁，放声尖叫："让我出去！"然而，它并不会说话，它只会对直肠壁施以一定的压力，让你产生现在就要上厕所的感觉。然后，大便就到了消化道的终点！

屁股布朗尼无疑是超级有趣的。现在请翻到下一章，进入一次令人毛骨悚然的毛发冒险吧！

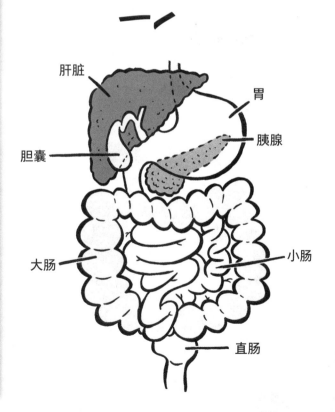

毛发恐惧症

想象一下：如果你头顶一卷长约 6 米的头发，感觉会如何？在寒冷的天气，你可以把它当作围巾戴在脖子上。你还可以用它来跳绳！在牛仔竞技表演中，你还可以用它来套住一头臭脾气的公牛。然而另一方面，你的头皮和脖子可就要遭殃了！6 米长的头发很重——大约 9 千克！然而，这点困难没能阻止陈文赫。他是一位来自越南的绅士，他在一次理发后病倒了，于是决定从此再也不剪头发了。在接下来的 50 年里，他的头发不断地变长。在人生的最后 11 年里，他的头发实在是太长了，以致根本无法清洗！

有人将头发誉为我们至高无上的荣耀，所以，让我们进一步了解你的王冠吧！取一把梳子和刷子，开始我们的毛发旅行。

虽然看起来或许不是这样，但是我们人类的身上确实长满了毛发。毛发遍布在我们除了嘴唇外的肌肤各处，包括我们的足底及我们的手心。

所有的毛发都是经过基因编码的，只能长到一定的长度，然后就停止生长了。你能轻松地在自己身上找到这样的例子，你的睫毛、手臂毛和腿毛，甚至是头发也

陈文赫的头发长度超过了6米，他的头发如此之长，以致于只能将它抱在怀里！

有弹性的毛发

你是不是认为毛发很脆弱呢？在本实验中，你将有机会看到一场毛发拔河比赛。

1. 从你的头上拔两根头发（哎哟……抱歉，但是你知道吗？你是以科学的名义感到疼痛！）如果你的头发很短，那就去麻烦一个长头发的人，也许你可以拿一块曲奇饼干贿赂一下。

2. 请确保两根头发一样长，且长度在 10 厘米到 20 厘米之间，必要的话可以进行裁剪。做出一个假设，湿发和干发哪种强度更高，原因是什么。

3. 将一根头发置于一碗热水中 15 分钟。

4. 一边等待着，一边用胶带将另一根干发的一端贴在标尺的一端。

5. 请你的朋友将一根手指按在胶带上（防止头发滑落），同时你拉伸头发的另一端。查看标尺，看看你将头发拉伸了多长，然后记下该数字。

毛发在此处

6. 15 分钟后，针对湿发进行相同的实验。

活动器材

- 2 根头发样本，约 10 到 20 厘米长（或更短）
- 碗
- 2 杯热水
- 胶带
- 标尺
- 一位朋友

（先用毛巾将其稍微弄干，否则它会因为太滑而不好控制。）

7. 比较两组数据。哪根头发拉伸得更长？你认为是什么原因？你做出的假设正确吗？

8. 如果你想让本实验绝对公平，你应该针对几组不同长度的头发进行实验，以便更好地比较实验结果。

刚刚发生了什么

我们能够将自己的干发拉伸到约 20 厘米甚至 25 厘米。而湿发也能够被拉伸到 20 厘米甚至 25 厘米，但会随即断裂。当你弄湿你的头发，水分子实际上进入了你头发的皮质蛋白质之间。这使你的头发更有弹性，但同时也更脆弱。这是因为水分子挡在了中间，蛋白质无法彼此依附了。这就是湿发更易断裂的原因，也是许多人将头发弄湿后改变发型的原因。你可以夹上卷发夹，待头发干后，你的直发就变成了鬈发。或者，你也可以一边用吹风机吹，一边将头发拉直，这样你的波状头发就被拉直了。待头发吹干后，蛋白质之间的联结重组了，这样你的头发就保持了新造型。但是当你再次弄湿头发，它又会变回之前的造型。

你嚼过口香糖吗？许多品牌的口香糖中都含有羊毛脂，一种从羊毛中提取的油脂分泌物。当你嚼口香糖时，你其实正在嚼羊毛脂。简直太美味了！

如果你的头发是活的，理发将会是一件非常痛苦的事。唯一活着的部分是头发所在的那个小囊，被称为毛囊。每个毛囊中包含了头发生长所需的所有营养成分。在你的头顶，就有大约10万个这样的小囊！当你出生时，你就已经拥有了你一生所需的所有毛囊，大约500万个！

会最终停止生长——通常会远远早于陈文赫的头发停止生长的时间。（想象一下：如果你的体毛一直持续生长，那会多么奇怪。你必须把自己的睫毛拨到一边才能阅读本书，那该多么麻烦。）那么，你头上冒出的物质究竟是什么呢？

你可以将毛囊想象一个装满活细胞的小杯子。相较于你体内的其他细胞，位于毛囊底部（根部）的细胞分裂更活跃。位于毛囊顶部的细胞被挤压到一起并不断往上推，从而形成了我们口中所说的"毛

你知道如何制造一根毛发吗？取一些硫黄，加入碳，再注入少许氢气、氮气和氧气，然后就大功告成了？好吧，其实毛发的制造没那么简单。你的身体每天都在制造头发。每根头发都是从你皮肤上一个囊状小洞生长出来的，有点像种在盆栽土中的一株植物。但事实上，你看见的头发并不是活的。你梳洗的那部分头发早就是朽木死灰了。是的，我亲爱的读者，那部分头发是死的！实际上，这是一件好事。

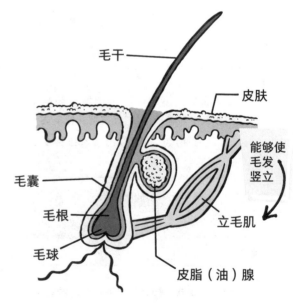

毛干

皮肤

毛囊

毛根

毛球

能够使毛发竖立

立毛肌

皮脂（油）腺

毛球！

为什么一个毛球就会让猫玩得如此开心呢？制作一个你专属的毛球，恶心一下你的家长吧！

1. 如果你有一头长发，那你很幸运。如果你没有，那就找一位留着长发的朋友或家人吧。 在本活动中，你需要一把头发。由于长发很容易粘在衣服或梳子上，所以收集起来并不难。我们花了一个月的时间来收集头发，有梳理后掉落的头发，也有卡在梳子上的头发。每天，我们都会把收集到的头发塞进一个三明治自封袋中，迫切地等待着那一天的到来——收集到足够多的头发来制作一个毛球。

2. 一旦你的袋子中装满了头发（你需要一小把头发），就是时候把头发卷成球了。从袋子中取出头发，把它弄乱，然后缠到你的手上，直到所有头发都缠绕在一起，形成一个毛球。加入少量洗衣液或洗发

活动器材
- 你自己的头发或一位朋友的头发
- 三明治自封袋
- 洗衣液或洗发水

水，使头发稍微粘在一起。你也可以加入自己的唾液，就像猫一样，但这可能实在太恶心了！

3. 接下来，就到了最好玩的部分。把毛球藏在手心里，站在你想恶心的人旁边，假装剧烈咳嗽，然后扔出毛球，让毛球正好落到那个人身上。

4. 你一本正经地说："噢，我刚刚肯定是咳出了一个毛球。"然后礼貌地将毛球捡起来，走出房间。再然后，你就可以跑到一个安全的地方偷笑到肚子疼了。

发"。在你看见毛发从你皮肤中长出的那一刻起，毛发中的细胞就已经死亡了。毛发细胞中含有一种叫作"角蛋白"的蛋白质，

使你的指甲坚硬的正是这种物质。幸运的是，形成毛发的角蛋白都是柔软而具有弹性的！随着头发被不断地往上推，与毛

囊相连的小腺体会分泌出一种叫作"皮脂"的油状物质，它能够防止头发干燥。但是，如果皮脂分泌过于旺盛，你将会梳理一大堆恶心油腻的头发……呃！

如果你拥有一把极小的剪刀和一双全世界最平稳的手，能够以某种方法从中间剖开一根毛发（或者放在显微镜下观察一根毛发），那么你将发现一根头发是由两个到三个部分组成的。外侧被称为"表皮层"，由交错重叠的扁平细胞所覆盖。想象一下：大量小小的瓦片相互重叠组成的屋顶。你可以沿着头发生长的方向抚摸你的头发，接着打破常规，试试从反方向抚摸你的头发。你感觉到不同之处了吗？当你逆向抚摸头发时（从头发的末端抚摸到头顶），你的手指碰到了那些扁平的表皮细胞。这样摸起来就会感觉有些粗糙，甚至可能发出吱吱声。

接下来是毛表皮的内侧——皮质层。这部分由细长蛋白质组成，呈螺旋状，像一根老式的电话线或一件超小号紧身裤。这就是头发能够被拉伸的原因。决定你头发颜色的色素也包含在皮质层细胞中。

头发的中心是髓质层，不要与拥有相同名字的大脑髓质混淆。髓质层由柔软的海绵状组织组成。髓质层只存在于较粗且较硬的毛发中，例如头发。细绒毛往往没有这部分，例如臂毛。

死去的毛发细续工作

你是一位如此聪明的小小科学家，你知道一切事物都将会消亡。但是，人类毛发的消亡速度特别慢。如果你挖掘出一具远古木乃伊，他的毛发很可能仍然是完好无损的。我们的毛发甚至能够抵御许多酸性物质和腐蚀性化学品的侵蚀。这一点你只需要询问一位试图清除浴室下水道那一团巨大的毛发堵塞物的水管工即可。

毛发具有各种各样的颜色和质地。颜色有：红色、褐色、金色、黑色以及灰色（或白色，你的奶奶的头发颜色），质地又分为：鬈发、波状发、直发以及羊毛状鬈发。

就头发的颜色而言，死亡的角质蛋白堆积而成的细长秆有点像一根填满了两种黑色素（黑色素也决定了你皮肤的颜色）混合体的中空稻草。由于黑色素的数量以及这两种黑色素的混合比例的差异，你的头发可能是乌黑色、火焰红色、栗褐色、金黄色或者两种颜色之间的过渡色。如果你的皮质层中黑色素微乎其微甚至没有（随着年龄的增长，黑色素会逐渐减少），你的头发颜色就会变得和你的奶奶的头发颜色一样——纯白色。

就头发的质地而言，如果你想要鬈发，而你的却是直发，请责怪你的毛囊；反之亦然。圆形的毛囊将长出直发，而椭圆形的毛囊将长出略微不对称的头发形状，形成鬈发。另外，毛囊的大小和头发的粗（大毛囊）细（细毛囊）也有关系。

你很幸运，每根头发都遵循各自的时间表生长和脱落。如果我们所有的

你应该为你拥有500万个毛囊而自豪——和山地大猩猩的毛囊数量大致相同。但是，相较于山地大猩猩，你的毛发要稀疏得多。人类为什么进化成拥有比我们的灵长类表亲更少、更细的毛发，而不是完全没有毛发呢？谢菲尔德大学的两位科学家拥有刨根问底的精神，他们想知道那些微小的毛发是否可以成为一个预警系统，提醒我们注意那些恐怖的小爬虫。

为了验证该假设，29位（19位男性和10位女性）勇敢的（或者说是鲁莽的）学生志愿者均剃掉了自己手臂某个区域的毛发。他们用马克笔将这块无毛区域描画出来，然后在周围涂上凡士林作为界限。他们在另一只有毛的手臂上描画出一块差不多面积的区域。志愿者们紧闭双眼，两位科学家分别在两个标示好的区域扔下相同数量的饥肠辘辘的臭虫。每当受试者感觉有东西在他们手臂上爬行，他们就会按下一个连接一台机器的按钮，该机器能够计算出他感觉到的爬虫数量。

简直不可思议！有毛手臂上的臭虫大约每隔四秒就被监测到了，而无毛手臂上的臭虫则需要两倍以上的时间才能被监测到。因为我们的毛发与神经相连，所以我们才能感觉到一只臭虫正在我们的手臂上四处爬行，搜寻着适合啃咬的好地方。但是对于臭虫来说，多毛的皮肤要比没毛的皮肤更难啃咬。如果臭虫需要在毛发森林中四处徘徊，它就很难饱餐一顿。另一方面，拥有过多的毛发会给臭虫们提供一个绝佳的藏身之所，我们也不希望如此。所以，对你恰如其分的毛囊数量心存感激吧！它们也许使你免于成为一群饥肠辘辘的臭虫的一顿美餐！（但是，聪明的臭虫们知道它们应该寻找无毛的区域，这就是脚踝和手腕是它们最喜爱的位置的原因！）

头发都遵循相同的时间表，我们就会蜕毛（定期蜕掉我们所有的头发，就像蛇蜕皮一样），我们每隔一段时间就会秃顶。说到秃顶——头发稀疏或完全没有头发的人可以责怪"关闭"的毛囊。

长发公主——是真的吗?

这是一个令人毛骨悚然的童话故事，我们的女主角长发公主拥有一头如此强韧的长发，她甚至能够轻而易举地将一位体型健硕的勇士吊上她的塔楼顶层。这有可能吗？让我们首先研究一下她头发的长度。一个普通人的头发每年增长约 15 厘米。在故事中，长发公主的头发长达 21 米。嗯，你能算出来吗？这就意味着她至少已经 140 岁了。

根据头发真实的承重能力，英格兰莱斯特大学的一组物理专业的学生计算得知，长发公主那长达 21 米的头发实际上能够承受超过 2750 千克的重量，这相当于两头成年雄性河马的体重！所以，如果她的头发真能够长那么长（且她的脖子能够承受该重量），那么对她来说，吊起任何偶然路过的英俊王子是轻而易举的事。

这个可怜的小伙子不幸患上了多毛症，于是，他全身都长满了柔滑的长发。

猫喜欢把自己毛茸茸的身体舔得干干净净，因为它们的舌头上长满了密密麻麻的倒刺。但是，死毛也会被卡在倒刺上，然后被吞进猫的肚子。一些毛发缠结成块，这些毛球太大了，无法通过猫的消化系统排出体外，于是只能原路返回。同时还自带音效！如果你的猫发出作呕和咳嗽的声音，那么你的地板上很可能马上就会出现一大团老鼠大小的毛发和胃酸混合物。真是太美妙了！

课外实验

头发举重比赛！

你的头发究竟有多强韧？染色或脱色会使头发更易断裂吗？你即将找到答案！

1. 从你的头上收集头发样本（如果你的头发够长的话），也可以从朋友、亲戚以及乐于助人的老师头上收集。（如果你告诉他们一切都是为了科学研究，那么他们应该愿意贡献出几根头发的！）请确保所有的头发样本均不短于12厘米。将头发放进小袋中，然后分别标示好天然的、染色的或脱色的。

2. 制作一个如下的表格，记录下发生了什么。

头发类型	承重的硬币数
天然的 #1	
天然的 #2	
天然的 #3	
染色的 #1	
染色的 #2	
染色的 #3	
脱色的 #1	
脱色的 #2	
脱色的 #3	

活动器材

- 10根以上不短于12厘米的头发样本：4根天然的、3根染色的以及3根脱色的
- 3个小袋子（纸质或塑料的）
- 用来做标记的笔
- 大号回形针
- 小号纸杯或塑料杯
- 约76厘米长的透明胶带
- 差不多高度的2个光滑平面，例如，2把椅子的靠背，或2张附近的桌子，或2个盒子。我们使用了2个长方体的玻璃食品保鲜盒。
- 大约20个硬币

3. 制作一个能够钩在头发上的承重装置：将回形针弯成一个类似字母 C 的形状。取一个纸杯或塑料杯，将回形针一头对准杯子上部的某个点，用力使回形针穿过杯子。然后在回形针的另一头制作一个三角钩。现在，一个带钩的杯子就基本制作完成了。随后，你需要把它钩在你的头发上，然后你就能够在杯子中放入硬币增加其重量了。

4. 首先，取剩下的头发样本，做一下本实验。用胶带将头发两端分别粘在分开放置的两个表面上。请确保头发是拉紧的，但也不要太紧。同时，请确保无人触碰你的测试表面。此外，粘在每个表面的头发不能超过1厘米，从而保证大部分头发都是悬挂在两个表面之间的。

179

5. 将你的杯子挂钩挂在头发中间，一次加入一个硬币到杯子中，直至头发断裂。如果头发从胶带中滑出，请一位朋友用手指按在每根胶带上，然后重新来一次。记录下每根头发承重的硬币数量。

6. 针对每根头发样本重复该测试，即刻记录下你的实验结果以防遗忘。

刚刚发生了什么

你发现了什么？哪种头发最强韧？哪种头发最易断裂？染色或脱色时使用的化学物质会损伤头发的蛋白质，使头发变得更易断裂。因此，染色或脱色的头发很可能是最先断裂的。漂白剂渗透到头发中，实际上清除了头发中的黑色素。烫发（化学拉直或鬈发）打破了头发内部的连接，然后改造成新的形态。这两点均会损伤你的发质。挑染和染色对头发的危害要小一些，但它们仍然会造成一些危害。吹风定型、编辫子、当头发还是湿的时扎马尾、佩戴过重的发饰，甚至过度清洗都会损伤你的头发。记住：你的头发不是活的，所以它是无法自行修复的！唯一有效的办法就是剪掉它，然后等待长出新的健康的头发。到那时，请善待你的头发！

如果你还想进行更多测试，可以试试烫发或化学松弛的头发。（刚做完头发后所取头发的样本效果是最佳的。）你也可以测试波状发或卷发对比直发的强韧度，只要它们都是天然的，或以同样方式进行过化学改造的。或者，你也可以测试红色、金色和褐色的头发强韧度是否有差异。如果你将三根头发编织在一起，其强韧度会不会变成三倍？如果你在一根头发的中部打一个结，这根头发的强韧度是会提高还是降低？

从凶猛的狮子，到光滑的海豹，再到人类，几科所有的哺乳动物都有毛发。（可能你会感到疑惑，鲸鱼和海豚身上就看不到毛发。其实，鲸鱼和海豚刚出生时是有毛发的——随着年龄的增长，一些鲸鱼和海豚逐渐失去毛发，而另外一些的毛发几乎看不见。）就连裸鼹鼠（一种生活在地下的、有光泽的、粉色小型啮齿目动物）的爪子上都长有触须和细小的毛发。以下是一些精彩趣闻，关于谁身上的哪个部位长出了什么东西。

豪猪刺？ 足够锋利，能够用作缝纫针，但是它们实际上不过是巨大的毛发。

触须？ 一种对触摸极度敏感的毛发。事实上，触须能够通过感知空气运动方式的细微变化来帮助动物在黑暗中感知周围的道路。它们也像一把小号的标尺，在进入某个地方之前用来测度空间。所以，永

毛茸茸的面部，
光秃秃的身体！

许多人都将过敏症归咎于狗毛，于是他们选择喂养光秃秃的、没有毛的狗。但事实是，狗毛和狗皮（以及羊毛）是非常相似的。让一些人打喷嚏的物质其实是狗的唾液、皮屑和尿液中所含的一种特殊蛋白质。某些品种的狗只不过掉毛较少，而不会释放出这种蛋白质，于是在同等情况下，不会引发过敏症，例如，贵宾犬。

"我看不见你……"

远不要去修剪猫的触须！否则它会变得异常混乱。想象一下：在不用双手的情况下，你能否在黑暗中找到正确的道路。

羊毛？ 如果没有了温暖的毛衣和装饰着小绒球的绒毛帽，我们将会如何？绵羊、羊驼以及其他类似动物身上长出的又细又浓密的毛发。通常我们会用大剪刀将羊毛剪断，然后将其织成纱线以供后续的编织工序。

毛茸茸的小虫子？不是毛发！

（请记住……只有哺乳动物才有真正的毛发。）毛毛虫是昆虫，它的身上长满了像毛发一样的东西。但是，它其实是刚毛，是昆虫用来自我防卫的武器。请抵制在它背上打小蝴蝶结或剪莫霍克头型的诱惑！

在我们转战下一个超级恶心的事物之前，请花一些时间庆幸你没有长出黑毛舌。我们不需要用洗发水来清洗这种"毛发"。实际上，它并不是真正的毛发。当死皮细胞不断地在舌头的小隆起物上堆积，它们就会比平时长得更长，于是很容易滞留食物残渣或细菌。真恶心！一些吸烟者很可能会长出极黑的、看起来毛茸茸的舌头。非常恶心！

关于毛发，就到此为止了！ 让我们转战难闻的口气和腐烂的牙齿……一切尽在"口臭"这一章！

181

口臭

你今早刷牙了吗？真的刷了吗？也许你只是在你前面的两排牙齿上刷了一点牙膏，然后简单漱了一下口？很抱歉，我又开始说教了。但是，如果你好好保护自己的牙齿、舌头和牙龈，你就有可能拥有清新的口气，而不是如垃圾般臭烘烘的口气。口腔异味真的很难闻，会让人不敢靠近你！（当然，如果你好好保护自己的口腔，你就很可能直到垂暮之年都拥有一副好牙口，如果你喜欢吃比萨和玉米棒子等食物，这绝对是一件好事。）

谈到口腔异味，糟糕的口腔卫生肯定是罪魁祸首之一。即使每天刷牙，你的舌头仍然可以成为一枚真正的臭气弹。细菌是其中的罪魁祸首。舌头的表面一点也不

谁都不想和一个口中散发着羊粪味道的人一起玩儿。

光滑，上面布满了小突起和凹槽！对于细菌和其他讨厌的小家伙（例如，酵母和病毒）来说，这里是绝佳的藏身之所。这些小家伙特别喜欢从你的舌头上跳到你刚刚刷过的牙齿上！仔细想想吧：此时此刻，你的口中可能生活着200亿只细菌，比起地球上生活的总人口——仅有70亿，你口中的细菌数量要多得多！

走到一面镜子前，伸出你的舌头观察一下：舌背上有没有一层薄薄的白色苔状物？这就是细菌和它们的客人酵母一起共度臭气熏天的美好时光的地方！然后询问你的家长，是否可以为他们检查一下舌头。我敢打赌，你会发现他们的舌头上也长着一些恶心的东西。事实上，不干净的舌头才是导致口臭的主要原因。

硫黄是造成口臭的首要原因，但它并不是唯一的"犯人"。科学家们已经检测到了600多种不同类型的、钟爱人类口腔的细菌，这取决于每个人的生物群落。此时此刻，大约有50种不同类型的细菌正在你的口腔中嬉戏玩耍。一些细菌会释放出硫黄的气味（这取决于我们摄入的食物），另外一些细菌会释放出其他令人恶心的气味：

尸胺 想象一下令人恶心的腐肉的味道吧……尸胺！

加几天的观察期

彻头彻尾的腐烂

你的牙齿那么珍贵，当然不能用来做实验。你大概也已经注意到，牙齿是固定在下巴上的，因此我们也很难直接取出你的牙齿进行近距离研究。在某些方面，你牙齿周围的牙釉质很像鸡蛋的蛋壳，两者均是坚硬的矿物质防护层，保护着柔软的内部组织。因为牙釉质和鸡蛋壳是由相似的化学物质组成的，所以我们可以通过对鸡蛋壳进行实验来研究龋齿。比起将你的牙齿献给科学，这就轻松多了。在本实验中，你需要回答的问题是：市面上哪种常见饮料对牙齿造成的损害最大？

活动器材

- 至少4个红壳鸡蛋
- 4个碗
- 水
- 醋
- 起泡苏打果汁
- 旧牙刷（反正是时候换掉你的旧牙刷了，对吧？）

1. 用肥皂和水轻轻把所有的鸡蛋都洗净，清除掉所有沙门氏菌。同时，请洗净你的双手。事实上，每次处理完鸡蛋后都必须洗手。

2. 在每个碗中分别放入一个鸡蛋。

3. 在每个碗中分别倒入一种液体（水、醋、苏打水和果汁），直至没过鸡蛋。纯净水中的鸡蛋将作为对照组，用来与另外三组进行比较。

4. 将四个碗都放进冰箱中，一天后取出。

5. 把鸡蛋从碗中取出，一次一个，逐个与放在水中的鸡蛋进行比较，然后观察鸡蛋壳是否发生了任何变化。将鸡蛋逐个与放在水中的鸡蛋进行比较。

6. 取一把旧牙刷，轻轻刷每个鸡蛋，看是否会有任何物质脱落，然后再将鸡蛋重新放回碗中。

7. 这时候咱们该换一些新鲜的液体了。把所有碗里的液体倒进水槽，然后分别在每个碗中重新倒入和之前一样的液体。把碗重新放回冰箱中，再等一天。

8. 过了一天，小心翼翼地将鸡蛋从碗中取出，仔细观察鸡蛋壳上出现的任何新变化。

刚刚发生了什么

鸡蛋壳中含有一种叫作"碳酸钙"的矿物质，有点类似于牙釉质中含有的一种叫作"磷酸钙"的矿物质。这些矿物晶体遇到强酸后会溶解。醋、苏打和橙汁都是酸性物质，因此，它们会侵蚀鸡蛋壳。同样，这些液体也会对你的牙齿造成伤害。但幸运的是，这几件事成功地保护了你的牙齿。首先，你将饮料一口吞下，而不是让你的牙齿浸泡在可乐浴或果汁浴之中。其次，你的唾液中含有钙和磷，能够弥补你的牙釉质因酸性物质侵蚀而丧失的矿物质。最后，刷牙能够帮助我们清除食物残留的颗粒，从而及时清除掉那些对牙齿有害的细菌的藏身之所。大多数牙膏中都含有矿物质——氟，氟能够加固唾液覆盖在牙齿上的矿物质防护层。记住最重要的一点：如果你想让自己的牙齿保持坚固，请远离苏打和其他酸性饮料，并坚持刷牙！

腐胺 你曾经在打开一袋生牛排或鸡肉后闻到过一股恶臭味吗？这种与尸胺密切相关的化合物——腐胺——就是罪魁祸首。

粪臭素 臭气熏天的大便？你肯定知道那种气味，粪臭素就是罪魁祸首。

异戊酸 上完体育课后，请闻一闻你的脚。你闻到的气味就来自异戊酸——它也存在于你的口腔中。

这些气体全部混合在一起是什么味道？快捏住你的鼻子！幸运的是，如果空气中只存在少量这些气味的话，我们的鼻子是闻不到的。所以，只要你坚持刷牙并定期牙线清洁牙齿，你就能很好地控制这些气味，也不会因此而失去朋友。

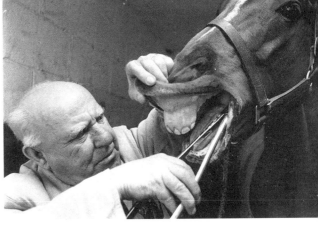

请张大嘴巴，并发出"咝咝声"。

询问你的家长，你是否可以明天一早在他们刷牙之前闻一闻他们的口气。当我们睡觉时，口腔会变干。唾液是我们专属的口腔清洗剂。唾液能够杀死一些导致臭气的细菌，稀释部分味道，同时冲走许多其他细菌和食物残渣，随后被我们吞下。在夜间，我们口腔中的唾液会减少，于是给那些细菌举办大型聚会提供了完美的条件（没有唾液监护人！哇，太棒了！），从而制造出了大量的恶臭气体。

有胆你就继续！好好闻一闻狗的口气。或者让你的狗舔一舔你的手，然后再好好闻一闻你的手！

课外实验

漱口！

在使用漱口水之前，你最好向牙医咨询一下漱口水的优缺点。现在你可以测试一下漱口水对口腔中的细菌的效果。在本实验中，你需要培育一些口腔细菌，所以，你需要使用前文提到的实验步骤制作一些"细菌宾馆"。一旦细菌入住了它们的宾馆，你就可以分析出不同类型的漱口水对细菌的控制情况。

活动器材

- 前面制作的 6-12 个细菌宾馆
- 6-12 根棉签
- 6-12 个自封袋
- 几种不同类型的漱口水（最好有一种含酒精的品牌，一种不含酒精的品牌）
- 几个家庭成员及他们未刷过的口腔

1. 清晨第一件事，刷牙之前，请取一根干净的棉签，用它擦拭你的口腔（特别是你的舌背），然后用棉签擦拭一下其中一个细菌宾馆。扔掉棉签，将细菌宾馆放入一个自封袋中，并标示不含漱口水；这将作为对照组，用来和其他实验结果进行比较。封住自封袋。请记住，绝对不要再打开它！

2. 另取一根干净的棉签，用它擦拭你的口腔，然后用它擦拭一下另一个细菌宾馆。在凝胶的中上方小心翼翼地倒入几滴漱口水。（如果先将少许漱口水倒入一个勺子或瓶盖，然后再倒入凝胶，也许会简单一些。）封住自封袋，并标示你使用的漱口水类型（含酒精、不含酒精、品牌名称等）。扔掉棉签。

3. 另取一种其他类型的漱口水，重复步骤 2 的操作。你很可能还剩下一些细菌宾馆，那么请一位家庭成员用自己的口腔细菌重复步骤 1 和步骤 2 的操作。

4. 将自封袋密封好。答应我，绝对不要再打开这些自封袋：你培育的可能是某种特别危险的细菌（被称为"病原体"）！请认真对待，现在请大声说出："我绝不会再打开这个自封袋。我发誓！"拉钩，上吊，一百年不许变！

5. 把这些自封袋储存在家中某个温暖而漆黑的地方，一个你那充满好奇心的弟弟或宠物寄居蟹无法够到的地方。

不含漱口水

6. 几天后，你的口腔细菌很可能成倍增长，成了可见的"殖民地"。仔细观察漱口水附近的细菌滋生情况。这个空间被称为"杀灭空间"。杀灭空间越大就代表漱口水的效果越好。我再强调一次！绝对不要再打开自封袋！

7. 当检查完你的自封袋后，请将细菌自封袋扔进垃圾桶。

刚刚发生了什么

我们希望你已经发现，在杀灭或延缓口腔细菌滋生方面，一些漱口水的效果要另外一些漱口水更好。也有一些声称能够杀灭细菌的漱口水实际上效果却不佳。令人惊奇的是，当某个产品没有实际效果时，广告竟然能让你认为它是有效果的！这也是科学的伟大之处：你能自己找出事情的真相。

现在，市面上主要有两种漱口水：美容性的和治疗性的。美容性漱口水的主要作用是清除细菌导致的口臭。这就有点像

在一堆垃圾上喷洒空气清新剂；垃圾可能闻起来没那么臭了，但实际上它仍然在那里。治疗性漱口水中含有抗菌和防腐成分。通过分裂细菌或抑制它们代谢食物和繁殖，抗菌成分能够杀灭散发恶臭的细菌。防腐剂（例如，酒精和氯化十六烷基吡啶）能够延缓细菌和大量其他微生物的滋生和繁殖，例如，真菌、酵母或病毒。在本实验中，拥有最大杀灭空间的漱口水很可能是治疗性漱口水。

由于唾液的主要成分是水，因此，白天大量饮水是极其重要的，这样你才能够不断制造出这种天然的"漱口水"。但是，唾液也需要帮助。刷一刷你的舌头（记得从舌头一侧刷向另一侧，这样你就不会作呕）是拥有健康而清新的口腔的关键因素。

事实上，我们的牙齿也是导致恶心的口气的另一个原因。食物能够在我们牙齿间的缝隙中玩捉迷藏，食物停留的时间越长，味道就越难闻。导致口气的另一个罪

每周7天，每天24小时，你每天按时刷牙，但是，当你张开嘴，你的嘴里仍然很可能有一股下水道的味道。我们可以将某些类型的口气归咎于我们摄入的某些食物。大蒜和洋葱就是其中的两个罪魁祸首。当这两种食物在我们的肠道中被慢慢分解时，它们会散发出含硫气体——令人愉快的臭鸡蛋味。这种气体进入我们的血液后，最终会返回我们的肺部，然后我们就呼出了大蒜味的口气，真恶心！

犯是牙菌斑。牙菌斑是指一层附着在你牙齿表面的、由无数细菌组成的黏糊糊的透明薄膜。这些细菌很喜欢甜食，它们一边开心地吞食着残留在你牙齿缝隙的食物颗粒，或是你刚刚吮吸糖果或喝苏打水时留在口腔的糖分，一边分泌酸性物质，从而

侵蚀掉保护你牙齿的坚固牙釉质。

如果让这种酸性黏液长时间地停留在你的牙齿上而不把它们刷洗干净（或者食入大量糖分），它最终将侵蚀掉你的整副牙齿，直到闯入滋养牙齿的神经和血管！接下来，你的牙齿就会长出一个龋洞。你一定不想出现这种结果，因为龋洞一点儿也不好玩，如果你的牙齿长出了龋洞，牙医需要在你的牙齿上钻孔修补数小时。

如果没有正确地刷牙和使用牙线，你的牙龈也会被细菌残留的酸性物质所腐蚀。当你的牙龈红肿后，噬菌斑就会长到口腔的更深处，使之更难清洁。更多的细菌就等于更严重的口臭，这是一个恶性循环。

所以，请一定记得刷牙！还要使用牙线！还要刷你的舌头！是不是觉得我有点啰唆了，但是以后你肯定会感谢我们，你的朋友们也会感谢今天坚持刷牙的你！

你有口臭吗？

由于你无法把你的鼻子伸进嘴巴里，因此，我们就来介绍一下自己闻自己的口气的方法。

1. 舔一舔！好好舔一舔你的手腕，让你的手腕上满是口水，然后倒数十秒待其变干。接下来，让你的鼻子凑近你的手腕好好闻一闻。闻到什么没有？也许有，也许没有。如果你确实闻到了某种气味，散发着健身房里肮脏的臭袜子的味道，那么请赶紧跑向最近的水池，然后好好刷一刷你的舌头！

2. 舌汤！取一个茶匙，假装你即将品尝一种美味的冰激凌。把汤匙翻过来，慢慢滑过你的舌背，但是注意不要伸到舌头太靠后的位置。你听说过俚语"我快吐了"吗？如果把勺子伸到舌头太靠后的位置，这就是你最后的下场。用勺子慢慢刮你的舌头，直到勺子中充满某种黏性物。它可能是浓稠的浅灰色黏性物，里面充满了细菌。勇敢一点，好好闻一闻。我们希望它不会太恶心，因为你的朋友每天在你身边闻到的就是这种味道！

3. 用牙线清洁你的牙齿！取几根牙线，好好清洁一下你臼齿之间的缝隙。然后闻一闻牙线上黏糊糊的物质。现在你知道为什么需要用牙线清洁牙齿了吧？这是因为食物和细菌很喜欢藏在你牙齿之间的缝隙里！

许多人都借助漱口水来清新口气。李施德林是最著名的漱口水品牌之一。该品牌创立于1879年，是以约瑟夫·李斯特的名字命名的。他对杀菌了如指掌，但是，该产品最初是用来清洁外科医生在伤者身上切开的伤口的。另外，它还用来保持医院地板的清洁无菌。15年以后，牙医们才

牙齿实在是太脏了，它们需要一把刷子！

周六晚报

1928 年 9 月 22 日

180

别再自欺欺人了

由于口臭从来不会向受害者宣布自己的存在，因此你一般不知道自己是否有口臭。

他们在背后议论你

而且他们理当如此——因为口臭是没法辩解的

口臭（难闻的口气）是唯一不可原谅的事情——因为它是没法辩解的。无论男女，都有同样的疑问。

"但是，我们如何才能知道自己有口臭呢？"

答案是：你无从得知。口臭从来不会向受害者宣布自己的存在。这就是它的阴险之处。所以，成千上万的人终其一生都不知道自己有口臭。

在你与他人会面之前，为了随时保持清新的口气，请在家中和办公室各放一瓶李施德林漱口水。这样，你才能始终保持彬彬有礼的形象。

李施德林能够即刻清除口臭。因为，作为一款抗菌产品，它能够杀灭导致口气的细菌。

另外，作为一款除臭产品，它还能清除臭气本身。即使是洋葱……

20世纪20年代的一条李施德林广告

认可了该产品，认为它对口臭是有好处的。

20 世纪 20 年代，一家广告公司冒出了一个大胆的想法——让人们时不时地担心他们的呼吸是否有异味！他们在杂志和报纸上投放了大量广告，警示人们口臭的危险。口臭一词源自古拉丁语，意思是"难闻的口气"。没有朋友？没人爱？这不是因为你是一个小气鬼，而是因为你有口气！

李施德林的销量很快便开始突飞猛进。同时，它还被宣传成了去屑洗发水和治愈脚臭的良药。它甚至被加进了香烟，而香烟又被称为"癌棒"。说正经的，这些东西不仅不利于你的整体健康和肺部健康，而且会导致口臭。

目前，漱口水仍然拥有巨大的市场。但是，漱口水中的某些成分能够导致口干——而事实上口干能够导致口臭。所以，在你开始使用漱口水之前，最好先咨询一下牙医漱口水的使用方法以及哪种品牌的漱口水效果最好。

接下来介绍的是一种的吃完后必须刷牙的东西——冰激凌

冰激凌可是每个人最爱的冷冻甜品。当然，我们同样搭配了一个恶心的介绍！

口味的冰激凌。关于你最爱的甜品，还有什么是你不知道的呢？继续往下读，享受冰激凌带来的既恶心又美味的乐趣吧！

甜腻的冰激凌

为了更好地了解冰激凌，你必须首先掌握物质的状态。想象一下，一个诡计多端的巫师刚刚把你变成了一个水分子。然后你连同数十万个跟你最亲最近的水分子朋友，一起被困在了一只玻璃水杯的底部。你可能不知道你拥有改变自己形态的力量，你甚至能够逃离这座玻璃监狱！如何才能做到呢？

物质 指任何具有一定质量且占据一定空间的东西，包括水分子——能够以三种形态（或状态）存在，这取决于温度。接下来，让我们了解一下随着温度的变化，你和你的水分子朋友会发生怎样的变化。

好了，好了，我们知道你心里在想什么。你肯定在想冰激凌绝不属于"天哪，真恶心！"事实上，它应该是"天哪，真美味！"但是你肯定不知道，冰激凌的制作使用了类似海藻的配料。据说日本居然有章鱼

让我们面对现实吧。冰激凌，让所有人为之疯狂尖叫。

理由？太冰了！

活动器材

- 2 个以上一模一样的马克杯
- 量杯
- 6-10 粒小冰块，或者你想检测的溶解物各两粒。尽量大小相等。如果你的冰箱没有制冰装置，那么，在你开始本实验和下个课外实验之前，请确保你有 5 个制冰盘的冰块，否则你的冰块可能不够用！
- 1/8 杯你想检测的溶解物：岩盐、食盐、糖、洗洁精、小苏打、沙子等（请务必检测至少一种盐。）
- 为你想检测的溶解物各准备 1/4 杯水
- 数字温度计
- 秒表或带秒针的时钟

在没有电动冰激凌机，甚至没有冰箱的情况下，我们如何才能将液体的奶油制作成冰激凌呢？我们需要用某种比冰更冷的物质将奶油包裹起来。在冰中加入哪种物质才能使冰的温度降到最低呢？岩盐？食盐？糖？猫砂？泥土？还是小苏打？

你的任务是：使这些物质溶解于水，这些物质成为溶解物，而水成为溶剂。在化学中，这两个词是相当重要的。没错，融化和凝固（物质状态的变化）当然属于化学！然后，你将加入冰，看看哪种溶解物能够使水的温度降到最低。

1. 参考左侧制作一个表格。每种溶解物的检测时间不少于 8 分钟。

2. 首先，让我们测试一下对照组（在实验中，对照组用来与其他实验结果进行比较）。对照组中只有冰和水。取一个杯子，加入两粒小冰块和 1/4 杯水，制作水浴。

时间	对照组	食盐	岩盐	糖	小苏打	洗洁精
30秒						
1分钟						
1.5分钟						
2 分钟						
2.5分钟						
3 分钟						
3.5分钟						
4 分钟						
4.5分钟						
5 分钟						
5.5分钟						
6 分钟						
6.5分钟						
7 分钟						
7.5分钟						

3. 用温度计轻轻地搅拌水，持续 30 秒，然后查看温度计上显示的温度，并填入对应的表格。现在，你已经是一位优秀的科学家了，最好用摄氏度来记录温度。0 摄氏度是纯水的冰点。

4. 每隔 30 秒测量一次温度，持续 8 分钟。每次测量之前，持续轻轻搅拌你的溶液，完毕后，把杯子冲洗干净，静置，直至恢复室温。

5. 另取一个杯子，重复上述实验步骤，在杯子中加入 1/4 杯水和 2 粒小冰块，制作水浴，然后加入 1/8 杯以上溶解物中的一种。持续搅拌，每隔 30 秒读一次温度，持续 8 分钟，最后把你的杯子冲洗干净，静置，直至恢复室温。

6. 以同样的方式检测其余的溶解物，检测时轮流使用清洗干净的杯子。这样检测每种溶解物之初，你使用的就都是室温状态下的杯子。

7. 当你收集完所有数据后，绘制一份温度与时间的变化曲线图表（参见左下角的图）。随着时间的变化，每种溶解物给温度造成了怎样的变化？

刚刚发生了什么

你大概已经注意到，岩盐和食盐大大降低了水浴的温度，远远低于 0 摄氏度。你的其他溶解物可能也使水浴的温度略微降低（甚至提升了水浴的温度），但是它们造成的影响不同于盐。为了融化，冰需要从周围的其他物质中吸收热量。例如，当你双手握住一个装了冰的杯子时，你的双手会感觉到冰冷，这是因为热量正从你的双手转移到冰中。当你在冰水浴中加入盐，实际上降低了冰的冰点，于是你的小冰块必须从周围的物质中吸收更多的热量才能融化。于是，周围冰水的温度变得比之前更低。因此，虽然冰融化了，但是含盐的冰水的温度变得比纯水的冰点更低了！这看起来像是魔法，但是你有证据：温度计！了解了"降温"知识，你就可以开始进行一次非常美味的科学实验了。冰激凌！开启下一个实验吧！

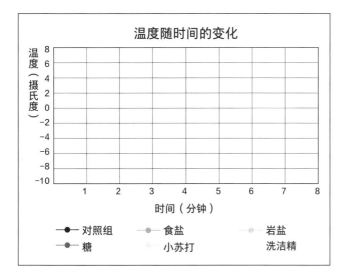

在20世纪早期，冰激凌甜筒发明之初，人们称之为"羊角甜筒"。

固态 今天天气异常寒冷，温度在0摄氏度或以下。你和你的水分子朋友蜷缩在一起，想抱团取暖。你们肩并肩地排列成了一条等距离的直线，可以小幅度地扭动身子，但无法大幅度地摆动。这样，你和你的水分子伙伴一起形成了一粒小冰块！

液态 今天是阳光明媚的一天，温度在0摄氏度以上。你和你的水分子伙伴正四处闲逛，漂浮在玻璃水杯中，漫无目的地随波逐流。你们都感觉精力充沛，但更多的是悠闲。你们一起形成了某种液体。

气态 今天天气简直酷热难耐，超过100摄氏度。你和你的水分子朋友都有点头晕目眩。你们像弹簧单高跷上的跳豆一样四处乱跳。你们当中有些人甚至跳出了玻璃杯！你们一起形成了某种气体。

现在你知道了，这三种物质状态都涉及同一种分子，只不过以不同的形态存在，这点很重要。正因为物质具有改变形态的能力，我们才能够制作出一些美味的食物……比如说冰激凌！

感觉冷，感觉冷，还是感觉冷

你还不知道自己长大后想从事什么职业？事实上，世界上真的有专门研究冰激凌的科学家！这也太酷——呃，太冷——了吧！冰激凌是我们吃的最复杂的食物之一。你家里可能就有一台冰激凌机，或者你可能在当地的冰激凌店看见过冰激凌机。但是对于化学家来说，冰激凌机实际上是刮面式换热器。很神奇，对不对？原来，在我们每次舔食这种冰凉且如奶油般柔滑的美食背后，隐藏着如此多的不为人知的科学知识。

为了了解寒冷，我们首先要了解热量。你每天都在感受着"热能"。想想那些来自太阳的，照耀在我们身上的美好而温暖的光线。或者是坐在一堆噼啪作响的篝火前烤火。现在想象一下：手拿一碗热鸡汤放进冰箱中。你的冰箱没有在你的鸡汤中加入"寒冷"。世界上并不存在一种叫作

提前一天，准备4盒冰块或从商店购入1袋

摇动你的"战利品"

既然我们已经让你舔干净了你的筷子，是时候开始工作了，亲手制作一些冰激凌！我们将进行一次实验，探究一下在冰激凌结冰时不断晃动它会给它的稠度造成什么影响。你的假设是什么？摇晃会使冰激凌的稠度更高，还是更低？

活动器材➡

- 2 杯浓奶油（或者搅打奶油）
- 1 杯全脂牛奶
- 1/4 杯糖
  口味选择：1 茶匙香草精或任何你想加入的口味。如果你想让你的冰激凌看起来恶心，那么请加入 1/4 杯的芥末、番茄酱或鱼油。决定权在你手中！
- 搅拌机
- 2 个约 2 升的自封袋
- 2 杯岩盐（相比食盐，岩盐所含的晶体更大，能够以更慢的速度降低冰激凌的温度，从而使冰激凌的口感更加细腻柔滑）
- 2 个约 4.5 升的密封性极好的自封袋（或者 2 个大号的咖啡罐或其他容器）
- 约 2 千克的冰（至少 4 冰盒的冰块）
- 几块小毛巾
- 防寒手套

以下是一个特别配方，专门提供给那些不能或不想喝牛奶的人：
2罐约380毫升的全脂椰奶
1/4杯糖（或者椰子糖）
2茶匙香草精（或者任何你想要加入的口味）

1. 把你的冰激凌配料倒入搅拌机中，嗡嗡地搅拌起来吧！

2. 把混合物平均分成两份，分别放入 2 个约 2 升的自封袋中。请确保两个密封袋均已密封严实，不会出现任何泄漏。

3. 在每个约 4.5 升的自封袋中各放入 1 杯岩盐，然后将在每个袋子中加入冰块。

4. 把奶油袋放入含盐的冰袋中，然后把含盐冰袋密封严实。

195

5. 把其中一个密封好的含盐冰袋置于一边，盖上一块毛巾，然后不再进行任何处理。这将作为一个对照组。

6. 戴上手套，开始使劲摇晃另一个密封好的含盐冰袋。不要像我们一样把密封袋上下颠倒地摇晃，摇晃时，记得始终保持密封袋开口朝上，否则一堆脏兮兮的咸咸的东西很可能会从自封袋中漏出来，搞得地板乱七八糟！

7. 摇摆，摇摆，摇摆你的屁股（以及自封袋），坚持15分钟。这样可以增进你的食欲。

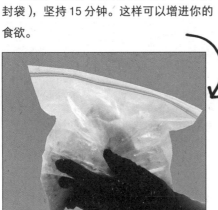

8. 打开自封袋，取出你的奶油袋。把它与放置在一旁的约4.5升的自封袋中的奶油袋进行比较。有什么不同之处吗？在笔记本上记录你的发现。

9. 一旦记录完你的观察结果，你就可以请你的朋友或兄弟姐妹开始摇晃对照组的袋子。这样一来，你们就能够制作出更多的冰激凌。待每个自封袋都摇晃15分钟后，

如果冰激凌还没有凝固成型，那么请重新密封自封袋，然后把它放回冰浴袋中（也许，你可以再加几粒冰块），然后再摇晃一会儿！或者你也可以作个弊，将差不多凝固成型的自封袋放入冷冻柜中，稍后取出。

10. 最后就是享受美味的时刻了！当冰激凌完美成型后，用冷水将自封袋冲洗干净。（否则，在你的冰激凌中吃到岩盐水是会非常恶心的！）然后，用勺子舀出冰激凌，加入你喜爱的装饰配料——豌豆泥或鱿鱼丝——然后大快朵颐吧！

11. 接下来就该清理实验现场了。你可以把岩盐和水倒进一个大号的玻璃盘中，然后让水在接下来的一周中慢慢蒸发。水蒸发后，剩下的岩盐又可以重复利用了！你也可以把混合物中的液体倒

太美味啦！

进水槽，固体扔进垃圾桶。把自封袋翻过来，在水槽中清洗干净。待自封袋晾干后，还可以重复利用。如果你已经阅读了"垃圾"那一章，你就应该知道塑料已经成为一个严重的社会问题。所以，请尽你所能地重复利用塑料袋！

刚刚发生了什么

你的假设正确吗？在步骤8中，当你把摇晃过的自封袋与未经摇晃的自封袋进行比较时，我们希望你已经注意到了，对照组（置于一旁未经任何处理的自封袋）中的奶油事实上并没有结冰。袋子中也许会有些许小冰块，但是它们只会是冰块……一点儿也不好吃，而你使劲摇晃过的冰激凌吃起来就非常细腻柔滑了。摇晃能够使形成的小冰晶混合起来，然后使其均匀地分散开来。空气也混合进来了，同时奶油中的脂肪也分散开来。所有这些一起赋予了冰激凌美味柔滑的口感。

你能够为前面那个实验设计一个摇动你的"战利品"的容器吗？这个容器可以容纳冰块和盐（水）以及奶油混合物，同时帮助你摇匀所有的配料。你可能会用到一个大号和一个小号的咖啡罐，或者一个大号的塑料水桶。在不让胳膊筋疲力尽的情况下，如何才能把所有配料摇晃均匀呢？你和你的一位朋友用一张床单把它抛到高空，或者让它在地面上来回滚动，可以吗？仔细想想使用哪种材料效果最好，奶油和含盐冰块之间的容器应该具有很好的导热性，这样奶油中的热量才能传递到冰块中。但是，容纳冰块的容器最好不导热，否则你的冰块将在冰激凌凝固之前全部融化。取出你的笔记本，绘制出你的制冰发明，然后来试一试吧。

"冷能"的东西。所有这一切都是有关热量的——要么你加入热量，要么你拿走热量。正如壁炉中燃烧的木柴向房间释放热量一样，热鸡汤实际上是在向制冷机释放热能。你制冷机上的恒温器注意到了温度的变化，于是启动压缩机，压缩机压缩并排出温度极低的"制冷的"化学物质，经过制冷机后部或底部的冷凝器。热量进入那些化学物质，然后被抽走。压缩机将继续压缩并排出那些化学物质，直到你的鸡汤中再也没有需要被抽走的热量。这时就已经结冰了！你家冰箱的工作原理也是一样的，只不过程度不同而已。

课外实验

如此炫酷的东西居然是热的！

想要进行一次真正的化学实验吗？好吧，我亲爱的科学奇才，今天是你的主场。你将学习如何制作醋酸钠，并让它在你的指挥下结晶。醋酸钠是一种非常有趣的化学物质，它是一种超级炫酷的"过冷"液体！它的制作只需要优质白醋、小苏打以及一点点耐心。好吧，其实是极大的耐心……你需要很长时间才能将它煮沸，而且可能不会一次成功。但是，请秉持锲而不舍的精神，你的付出终会得到应有的回报，那就是无穷无尽的欢乐。

1. 将白醋倒入一个中号的深平底锅中。

2. 一次加入一汤匙小苏打，待泡泡消失后，再加入更多小苏打。好好欣赏每一次的泡泡秀吧！

3. 待四汤匙的小苏打全部加入后，将混合物搅拌均匀。

活动器材

- 一位帮助你处理加热液体的成年人
- 4 杯白醋
- 4 汤匙小苏打
- 中号深平底锅（不锈钢、搪瓷或玻璃材质的均可。千万不要使用铜制的！）
- 勺子
- 冰箱和微波炉适用的容器，例如，塑料外卖餐盒或覆盖保鲜膜的咖啡杯
- 冰箱
- 盘子
- 温度计（可选）

4. 如果你特别有耐心，你就可以将深平底锅放在一个架子上，然后在接下来的两周等它慢慢地自然蒸发。但是，如果你想让它蒸发得快一点，就请将深平底锅放在炉子上，打开小火。拿掉锅盖。一两个小时后，锅内的液体就能全部煮至蒸发。加热的速度越慢，锅内东西变成黄色的可能性就越小。（既然本书写的是恶心的事物，你可能会想制作出某种看起来像黄色的雪一样的东西。如果你不介意，可以再用大约半个小时将锅内的液体全部煮干。）一边等待，一边继续阅读本书。

5. 你需要将锅内 90% 的液体煮至蒸发。当锅内的液体越来越少时，密切关注锅内发生的变化。你需要寻找平底锅内壁形成的小晶体，类似寒冷天气窗户的玻璃上形成的冰花。当你发现晶体后，立即将深平底锅从炉子上取下，盖上锅盖（这样可以

防止液体继续蒸发）。现在，你就制作出了三水醋酸钠。

6. 把液体倒入另一个容器中，覆上保鲜膜或盖子。从锅边和锅底刮下一些晶体，留至稍后使用。你可以把刮下的晶体放到另一个容器或小盘子中。如果第一次实验不成功，你可能还会需要用到它。

7. 把倒出的液体放进冰箱中冷藏，直到摸起来凉凉的。如果你的耐心快耗尽了，那就在一个烤盘中加入一些冰块，再加入一些水，为你的液体制作冰浴吧。你甚至可以在冰浴中加入少许岩盐，因为你已经知道这样做可以进一步降低冰浴的温度！把装了液体的容器置于冰浴中，小心翼翼地将容器盖好。

8. 一旦你的液体摸起来凉凉的，请用一支干净的温度计测量一下液体的温度。温度在 15 摄氏度到 20 摄氏度最合适。

9. 从你置于一旁的晶体中取出一小块，放入液体中。发生了什么？液体应该急速转变成了固态晶体！另外，液体的温度应该变得异常高！这就是又热又冰！简直太神奇了！如果液体没有任何反应，请将它重新倒回锅中，加入一点醋，把它再煮干一点。当我们加入一茶匙醋后，我们第一次"失败了的"液体会立即凝固，不断搅拌，然后再将它倒回我们的深平底锅中！（还有一个办法可以结冰，那就是在液体表面撒上少许小苏打。因为这样会造成混合物的污染，所以待液体结冰后，加入一茶匙的醋，搅拌，然后稍微再煮干一点。）如果你开始变得特别沮丧，或者你特别在意本次实验，你可以请你善解人意的家长帮你在网上购买一些三水醋酸钠。买来的三水醋酸钠会析出漂亮的白色晶体，而不是像这些自制的晶体一样呈黄色。

10. 用手触摸一下你亲手制作的"冰"。你发现了什么？居然是热的！如果你有温度计，请将温度计伸进"冰"中，读一下温度。

199

11. 想要再来一次？重新融化深平底锅中的醋酸钠。还有一个更简便的办法，将醋酸钠倒入一个微波炉适用的带盖马克杯或塑料容器中，然后置于微波炉中低温加热45秒。搅拌一下，确保所有晶体都已经融化。然后盖上盖子，放回冰箱中，直至它变凉。一旦晶体变成了液态的三水醋酸钠，请马上盖好盖子。只要液体不被污染的话，就能够一直反复使用。

12. 打扫干净实验现场，用洗洁精和水把所有器材清洗干净，这样盘子就能再次安全地用来装食物。

刚刚发生了什么

你制作出了"热冰"！是的，它的确结冰了。但是，不要用它来凝固你的饮料。事实上，它会使你的饮料变热！虽然它是无毒的，但毫无疑问的是，它吃起来很恶心。

如果你已经阅读了"酸性物质和碱性物质"那章，你就应该知道，醋和小苏打混合在一起会发生化学反应。混合这两种化学物质会产生二氧化碳气体（也就是你看见的不断往上冒的气泡）、水和醋酸钠。这是三种全新的物质！当你将液体再煮干一点，你就制作出了另一种特别的新物质，被称为三水醋酸钠。放入冰箱后，它能够快速变凉，从而形成一种过冷的液体。从根本上说，过冷的意思是你使某种液体的温度降到它原本的凝固点或结晶点以下，但仍不凝固或结晶。

以下就是本实验最"炫酷"的部分了。过冷的液体能够急速凝固，但是它们需要借助一点外力。加入一些类似一粒尘埃或另一种晶体的东西，液体就会围绕加入的固体开始迅速结晶，直至全部凝固！自然界中也时不时地发生着这种现象。冻雨就是过冷水的一个例子。冻雨是液态的，但是一旦它触碰到道路或汽车的挡风玻璃，就会立刻结冰。请小心打滑！

但是，你的"冰"为什么会变热呢？当分子从一个无序状态（在液态中自由移动）进入一个有序状态（困在晶体中无法移动）时，热量就会被释放出来。当水分子处于液态时，事实上它们能够精力充沛地四处奔波（当然，它们此时拥有的能量比气态时少，但比固态时多）。当它们被迫以冰的形态保持不动，或者说基本不动时，它们仍然充满激情，有点像上课时努力坐着不动的孩子们，它们身上的能量只能作为热量被释放到了周围的空气中。这就是为什么冰摸起来是热的！这也是许多即时暖手宝的工作原理！

想获得更多的乐趣？尝试制作一座热塔吧！从你的平底锅中取出一小块晶体，放在一个小号的盘子上。开始将过冷液体慢慢倒入盘子中，倒在小块晶体的正上方。倒入的液体应该会即刻开始结晶，于是你就制作出了一座高高的冰塔。

用一个小勺子伸进过冷液体中，从你那些置于一旁的多余的晶体中取出一块晶体。液体应该会围绕着勺子形成固态的"冰"。我们不建议你使用自己的手指，因为液体的温度会变得非常高！

几乎所有人都喜爱冰激凌，或者它的无乳替代品。香草味是全世界最受欢迎的口味，其次是巧克力。你会去往地球上不同的地方，因此，你的舌头能够品尝到一些稀奇古怪的口味。前往冰激凌之城吧！它是位于东京的一家冰激凌店，在这里你可以亲自舀一勺牛舌味、章鱼味或鱿鱼味的冰激凌尝尝看！在爱尔兰，你能够品尝到熏制鲑鱼味的冰激凌甜筒！而一家位于英格兰北约克郡的冰激凌店也不甘示弱，他们提供薄荷豌豆泥口味的冰激凌。你也可以选择晚餐和甜点一起吃，一勺炸鱼口味的冰激凌，再配上一份薯条，你觉得怎么样？

在英格兰的一家叫作"舔我吧，我相当美味"的冰激凌店，如果你想买一个水母味的冰激凌甜筒，可能就要打碎你的存钱罐，因为它需要支付 200 美元！当你的舌尖触碰到它，整个世界都闪闪发光了！或者你也可以去法国尝一尝鸭肝口味的冰激凌——真是美味得一塌糊涂。另外一个不容错过的是蝮蛇味冰激凌，同样来自日本，它是由日本一种毒性最强的蛇，加入一点大蒜和杏仁，再撒上一点巧克力屑制作而成的。大声祷告吧！

冷热冰激凌就暂时介绍到这里了。是时候探究一下昆虫的世界了！

图片版权

封面：Mike Sonnenberg/E+/Getty Images

封底：Clockwise from top: ULTRA.F/Taxi Japan/Getty Images；Bernard Jaubert/Photolibrary/Getty Images；Yamada Taro/Getty Images；Mediteraneo/fotolia；vnlit/fotolia.

扉页：Bernard Jaubert/Photo library/Getty Images

所有课外实验、课外活动和课外探索中的实验照片均来自 Jessica Garrett, Ben Ligon, and Joy Masoff, 另有说明的除外。

图片素材：

Yuryimaging p. 引言 3;

Image Source p. 引言 4;

Andrew Rich/E+ p. 引言 6;

Artranq p.1;

Tim Flach/Stone p.3;

daynamore p. 6;

Ho New p. 8;

Jonathan Hordle p. 11 ;

tomatito26 p. 12 ;

Michal Ludwiczak p. 14;

Images authentiques par le photographe gettysteph/Moment p. 18;

Archive Holdings Inc. pp. 22;

Freshidea p. 28;

mizar_21984 p. 32;

Meredith Parmelee/Photolibrary p. 39;

Media for Medical/Universal Images Group Editorial p. 40;

Jens Rydell p. 42;

Saidin Jusoh p. 44;

Max Mumby/ Indigo p.45;

vlorzor p. 51;

PeopleImages.com/Digital Vision p. 55 (左);

Niki Mareschal p. 55 (右);

Lambert/Archive Photos p. 58;

Bill Keefrey/Photolibrary p. 59;

Africa Studio p. 61;

Stephen Coburn p. 65(火烈鸟);

Iriana Shiyan p. 65(房子);

Harold M. Lambert/Archive Photos pp. 70;

Houston Chronicle, Johnny Hanson p. 71;

Jan H. Andersen pp. 72–73;

Martin Harvey/Photo library p. 74;

somchairakin p. 77;

Gjon Mili/The Life Picture Collection p. 79;

Roman Dembitsky p. 80;

Dave_Pot p. 86;

CSP_txking p. 89;

Richard Francis p. 90 (左上);

Harold M. Lambert/Archive Photos pp. 90 (左下);

BillionPhotos.com p. 96 (左);

Inspiration Images p. 96(右);

Buyenlarge/Archive Photos p. 99 ;

Niklas Halle' n/ Barcroft Media p. 100;

London Taxidermy p. 101;

Stella p. 102;

alvarez p. 103;

Newspix p. 111(右上);

tutye p. 111(左下);

vangert p.111(右下);

constantincornel p. 112 (右上);

STEFAN DILLER/SCIENCE PHOTO LIBRARY p. 112 (左下);

efired p. 114;

Photodisc p.116;

169 169 p. 117;

fusolino p. 121;

RyanJLane p. 124;

Dmitry Vereshchagin p. 129;

I.M. Chait/REX pp. 128–129;

And G p.132;

Piotr Marcinski p. 133 (人);

Michael Westhoff/E+ p. 133 (指示牌);

Robert Walters/Smithsonian Institution p. 133 (恐龙);

George Rose p. 134;

uwimages pp. 135;

Gerrit van Ommering/Buiten-beeld p. 136;

Chris Ware/Keystone Features p. 141;

photocrew pp. 144 ,142 (男孩);

kanvag p. 146 (背景 - 垃圾填埋场);

EPA p. 147;

Amanda Rohde/E+ p. 149 (电子秤);

Dmitriy Syechin p. 149 (垃圾袋);

实验来源

Thanks for the inspiration!

Most of the activities in this book come from our 30 plus years of combined teaching experience. The experiments listed below, however, were adapted from certain resources. Any mistakes are unintentional and purely ours.

"Rockin' Rockets" and "Do We Have Liftoff?" were inspired by "Build a Bubble-Powered Rocket!" from NASA (spaceplace.nasa.gov/pop-rocket/en).

"The Reason? Freezin!" and "Shake Your Booty" were adapted from activities developed for an MIT summer camp by Jessica Garrett (while working at the MIT Edgerton Center) and Ellen Dickenson (then of Lemelson-MIT). Imagine the tasty yet sticky mess a whole class can make!

"Lava-Licious" was adapted from an experiment created by Hawai'i Space Grant Consortium, Hawai'i Institute of Geophysics and Planetology, University of Hawai'i, 1996 (spacegrant.hawaii.edu/class_acts/GelVolTe.html).

"Bacteria Brew" was created by mad scientist Todd Rider of MIT, who generously shared it with us.

"The Great DNA Robbery" was adapted from the protocol developed by the genetics department at the University of Utah (learn.genetics.utah.edu/content/labs/extraction/howto).

"Seeing Upside Down" was adapted from Arvind Gupta's website, where you can find lots of other fun activities (arvindguptatoys.com).

"Fast Fossil Factory" was adapted from an activity on the National Park Service's website (nps.gov/brca/learn/education/paleoact3.htm).

"Foamy Fungi" was inspired by many similar experiments we've seen over the years. For more explosive fun and videos of what happens when you use higher concentrations of hydrogen peroxide, check out Science Bob's and Steve Spangler's versions called Elephant's Toothpaste or Kid-Friendly Exploding Toothpaste. Their websites have lots of other cool science experiments to explore, too (sciencebob.com, stevespanglerscience.com).

Thanks to the University of St. Thomas School of Engineering for sharing the "Squishy Circuits" experiment. Go to their website for even more electrifying ideas (ourseweb.stthomas.edu/apthomas/squishycircuits).

索引

图书在版编目（CIP）数据

课本里学不到的实验：全2册 / (美) 乔伊·玛索夫，
(美) 杰西卡·加勒特，(美) 本·利根著；(美) 大卫·
德格朗绘；北京广雅，刘琼译. —— 北京：北京联合出
版公司，2018.2（2020.4重印）
（疯狂的百科）
ISBN 978-7-5596-1355-4

Ⅰ.①课… Ⅱ.①乔… ②杰… ③本… ④大… ⑤北
…⑥刘… Ⅲ.①科学实验 – 青少年读物 Ⅳ.①N33-49

中国版本图书馆CIP数据核字(2017)第325914号

北京版权局著作权合同登记 图字：01-2017-7196号

First published in the United States under the title:
OH, ICK! 114 Science Experiments Guaranteed to Gross You Out
By Joy Masoff, with Jessica Garrett and Ben Ligon
Illustrated by David DeGrand
Design by Lisa Hollander
Photo research by Bobby Walsh

Copyright © 2016 by Joy Masoff, Jessica Garrett, and Ben Ligon
Published by arrangement with Workman Publishing Company, New York.
中文简体字版©2018北京紫图图书有限公司
版权所有 违者必究

课本里学不到的实验

作　　者	［美］乔伊·玛索夫
	［美］杰西卡·加勒特　［美］本·利根
绘　　者	［美］大卫·德格朗
译　　者	北京广雅　刘琼
责任编辑	杨青　高霁月
项目策划	紫图图书ZITO®
监　　制	黄利　万夏
特约编辑	曹莉丽
营销支持	曹莉丽
审　　订	钥匙玩校　池晓　吴莹　杨波　姚高华　张旭
装帧设计	紫图装帧

北京联合出版公司出版
（北京市西城区德外大街83号楼9层　100088）
艺堂印刷（天津）有限公司印刷　新华书店经销
字数460千字　787毫米×1092毫米　1/16　30印张
2018年2月第1版　2020年4月第4次印刷
ISBN 978-7-5596-1355-4
定价：99.00元（全2册）

ISBN 978-7-5596-1355-4

出版社：北京联合出版公司
定价：99 元（共 2 册）
开本：16 开
出版日期：2018-2

ISBN 978-7-5502-2038-6

出版社：北京联合出版公司
定价：64 元（共 2 册）
出版日期：2013-12

ISBN 978-7-5502-1948-9

出版社：北京联合出版公司
定价：38 元　开本：16 开
出版日期：2013-12

连续七年稳居美国亚马逊网站少儿百科类榜首！

培养实验探索精神，提高动手能力！

本书包含 114 个互动性强、内涵丰富的科学实验，带领孩子深入探究身边的一切——观察身边的真菌、了解家里的爬虫、收集家庭垃圾……作者用滑稽而幽默的笔调，配以真实的实验摄影图以及有趣的漫画，带孩子们一起体验课本里学不到的丰富而有趣的实验课。

让孩子大开眼界，提高历史 EQ！

全书展现了世界历史长河中鲜为人知的故事。列举了各种疯狂怪异的古人古物，如凶狠的国王皇后、血腥的处决和决斗等，将各种历史故事以幽默风趣的语言、精美夸张的插图和坚实充分的历史依据予以讲述，还从科学的角度加以佐证，让你领略到课本之外不一样的历史的魅力。

让孩子大开眼界，提高科学 IQ！

全书内容科学有趣，通过对生活的观察，展现人体、动植物、食物等多方面的科学知识，反映出作者对与生活息息相关的各种事物有着深入的了解。本书集科学性与趣味性于一体，是青少年了解课本之外的有趣科学知识的不二之选。

《我是学习王》礼盒装

老师家长不操心，孩子又爱看，这是一套可以让孩子自己阅读的漫画书。无论是想提前衔接初中课程的小学生，还是想夯实基础的初中生，漫画课本让 8~14 岁的小读者从中汲取营养。

ISBN 978-7-5502-2520-6

ISBN 978-7-5502-2634-0

ISBN 978-7-5502-2585-5

《少儿科学实验全知道》
（3 年级 / 4 年级 / 5 年级 / 6 年级）

出版社：北京联合出版公司
定价：119.6 元（全 4 册）

《初次见面绘本》

碰碰脑门儿　　顶顶鼻子　　小螃蟹
小露露推啊　小露露拉绳子　什么火车来了？
什么汽车来了？　彩色纸咴咴　蜡笔咕噜咕噜
小雨滴答滴答　　永远在一起

　　本系列是日本著名的公文出版社选编的0—3岁婴幼儿认知体验图画书，是家长与1岁左右孩子进行情感交流的范本。由11位日本幼儿图画书界顶级作者与插画家联合创作而成。帮助宝宝认知与家人亲密的方式，全面提高孩子对颜色、形状、行为、生活常识的认识水平，在幸福中养成好性格。

ISBN 978-7-5390-4372-2

出版社：江西科学技术出版社
定价：99元　开本：24开

《我的第一套圣经故事书》

创世记　　　　　诺亚方舟
出埃及记　　　　大卫和巨人歌利亚
约拿与鲸鱼　　　但以理和狮子
第一个圣诞节　　耶稣和渔夫们
耶稣和祈祷　　　耶稣与神迹
迷途的羔羊　　　第一次复活节

全球儿童必读的《圣经》经典故事，让孩子从小接触世界第一书。
3-6岁亲子共读　6岁以上独立阅读

　　欧美最畅销的儿童《圣经》故事，为孩子全面展示《圣经》的故事精华，带来特有的启示和感染。优美的故事配以精致的插图，给孩子爱和美的品格熏陶。

ISBN 978-7-5344-9569-4

出版社：江苏凤凰美术出版社
定价：299元　开本：20开

《小王子》

　　尹建莉　六百万册超级畅销书《好妈妈胜过好老师》作者。教育专家，教育学硕士，中文学士。从事一线教育多年，熟悉学校教育，对家庭教育颇有研究，现从事家庭教育研究及咨询工作。

　　尹建莉老师在翻译《小王子》的时候从教育心理等专业方面入手，译文通俗易懂，前后逻辑通顺，语言更贴近作者和《小王子》的内心。尹建莉老师的译文既尊重作者的法文原著，又结合了中国人的阅读习惯，同时保证了语言生动、流畅，结构严谨；其所译著版《小王子》用词之优美，哲学思想之宏大，前所未见。

★ 600万册畅销书《好妈妈胜过好老师》作者、著名教育专家尹建莉首部译作，千万妈妈的选择
★ 6210字译者序，全新准确解读《小王子》核心密码
★ 本版译文的文学性、准确性、哲理性，一骑绝尘，更贴近本书原意，更具阅读价值
★ 家教专家的眼睛，更能直达原著作者内心深处对"爱与责任"的深层朗读
★ 更贴近原著作者内心，倾力还原《小王子》写作初衷的全新译本。一本大人和孩子都能读、阅读率仅次于《圣经》的童话哲学书
★ 随书附赠作者圣埃克苏佩里小传，只此一本就能读懂"小王子"的前世今生

ISBN 978-7-5307-6280-6

出版社：新蕾出版社
定价：32元　开本：32开
出版日期：2015-10